心灵的温度计 人生的指向灯

良好心态为青春保驾护航

主编 拾 月
编著 陈志华

图书在版编目（C I P）数据

心灵的温度计　人生的指向灯：良好心态为青春保驾护航 / 陈志华编著. -- 北京：现代出版社, 2015.4（2024.12重印）
ISBN 978-7-5143-3525-5

Ⅰ. ①心… Ⅱ. ①陈… Ⅲ. ①成功心理－青少年读物
Ⅳ. ①B848.4-49

中国版本图书馆 CIP 数据核字(2015)第 067759 号

心灵的温度计　人生的指向灯：良好心态为青春保驾护航

主　　编　拾　月
编　　著　陈志华
责任编辑　王敬一
内文制作　诚美天下文化传播有限公司
出版发行　现代出版社
地　　址　北京朝阳区安外安华里 504 号
邮　　编　100011
电　　话　(010)64267325
传　　真　(010)64245264
邮　　箱　xiandai@cnpitc.com.cn
网　　址　www.1980xd.com
印　　刷　唐山富达印务有限公司
开　　本　700mmx1000mm　1/16
印　　张　9
版　　次　2015 年 5 月第 1 版　2024 年 12 月第 4 次印刷
书　　号　ISBN 978-7-5143-3525-5
定　　价　57.00 元

前言

青少年是社会最宝贵的财富，是人类的希望和未来，正所谓“少年强则国强”。正因为如此，大至一个国家、一个民族，小至一个家庭、一个家族，都特别重视青少年的教育问题。希望他们成为社会的中坚，家族的骄傲。一句话，就是希望他们成为成功的人。于国，能成为有用的人才；于家，能成为顶梁柱。不仅仅要学习好，还要有辨别人世间的善、恶、美、丑的能力。在每个人的人生中，除了需要自身的因素之外，还需要拥有感受世界的能力。

奋斗、入迷，能够凝结青春的斗志，坚定自己的思想，让青少年变得愈加阳光朝气。

愤怒、恐惧，能够学会操控自己的情绪，让自己无所畏惧的前行。

哀伤、困惑，能够端正青少年人生态度，获得积极的正能量。

时间、低调，能够规划行动，懂得韬光养晦，让人生不在纠结、忧郁中度过。

成就、心态，能够体会到收获的喜悦，修炼出一颗无比强大的内心。

青春，是每一个人最美好的一段时光，也是每个人人格、性格定型的重要阶段，在这个时期，我们需要享受青春的快乐，同时也需要完成自我塑造。通过心理自助，最终从一个小男生、小女生逐渐成长为一个有着健全人格的人，成长为一个对社会、对家庭、对自我有着相对完整认知的人，成长为能够为自己的未来做主的人。这才是一个最充实、最有价值的青春。每个梦想都值得我们认真对待，每个青少年都是未来的希望。在青春之中，我们不仅要有欢乐，同时也要拥有未来！

本丛书是你化解烦恼的“心灵鸡汤”，可以给你增加快乐的心理自助法则；本丛书会让你认识到：掌控心理，方能掌控世界；改变自己，才能改变一切。本丛书还将告诉你：只有实现积极的心理自助，才能收获快乐而充实的青春。

目录

第一篇 积极向上：迎接每一个朝阳

第二篇 泰然处事：打造强大的内心世界

第三篇 相信自己：做一个最坚定的舵手

目录

第四篇 释放压力：时时刻刻调整自己

第五篇 沐浴心灵：让青春多姿多彩

第一篇

积极向上：迎接每一个朝阳

积极心态可以让你拥有战胜一切的决心。在心理学中，有一个著名的理论：问题不在于压力本身，而在于对待压力的态度。当一条路走不通时，积极的人会用坚韧的意志和百倍的决心，寻求解决困难的方法。所以，在我们的人生道路上，如果遇到挫折，不要惊慌失措，也不要低落沮丧，用积极的心态来战胜一切吧！

绽放微笑，世界也在对你微笑

故事话题

密苏里州雷顿市的兽医史蒂芬•史包尔博士曾经讲述了一件事情：有一年春天，他的候诊室里挤满了顾客，带他们的宠物来注射疫苗。大家无一例外地沉默着，也许所有的人都在思考着什么，而不是坐在那里浪费时间。

之后又有一位女顾客进来了，她带着一个9个月大的孩子和一只小猫。恰巧她就坐在一位先生旁边，而这位先生已经等得很不耐烦了。可是他发觉，那个孩子正抬着头注视着他，并对他微笑着。然后这位先生也对那个孩子笑了笑，就跟这位女顾客聊起关于育儿经的话题来。一会儿，整个候诊室的人都聊了起来，整个气氛渐渐变得愉快起来。

故事解析

行动有时候要比语言更有力量，微笑一般所表示的是：我喜欢你，你令我感到快乐。这个 9 个月的孩子的微笑就起到了这样的效果。

心理学家詹姆士·麦克奈尔在谈到他对笑的看法时说：“有笑容的人在管理、教导、推销上较会有功效。”微笑，就像穿过乌云的太阳，带给人们温暖，照亮大家的心灵。面对生活中发生的一些挫折或不幸，与其垂头丧气地哭泣，不如把烦恼放置一旁，在脸上绽放出最美的微笑，放松自己，也鼓舞他人。如果你微笑，那么世界也会对你微笑。

故事穿越

拿破仑·希尔曾经鼓励商人，花一个星期的时间，每天都对他人微笑，然后再回到工作中，谈谈所得到的结果，便能深受启发。看到拿破仑·希尔的建议后，纽约证券股票场的一名叫威廉·史坦哈的人这样写信给拿破仑·希尔：

我已经结婚18年多了。在这段时间里，从我早上起床，到上班之前，我很少对我的太太微笑，或对她说上几句话。我是整个公司里最闷闷不乐的人。

自从我知道微笑能改变我的现状后，我就决定试一个星期看看。因此，第二天早上梳头的时候，我对着镜子中的自己说："你今天要把脸上的愁容一扫而空，你要微笑起来，你现在就要开始微笑。"当我吃早餐的时候，我微笑着用"早安，亲爱的"跟我的太太打招呼。

这种做法改变了我的人生，在这两个月中，我们家所得到的幸福比去年一年所得到的幸福还要多。

现在，我要去上班的时候，会对大楼的电梯管理员微笑着说一声"早安"；会对大楼门口的警卫微笑着打招呼；当我跟地铁的售票小姐换零钱的时候也会对她微笑；当我站在交易所时，我对那些之前从没见过我微笑的人微笑。我很快就发现，所有的人也对我报以微笑。我以一种愉悦的态度来对待那些满腹牢骚的人。我微笑着听着他们的牢骚，于是问题就容易解决了。我发现微笑带给我更多的收入。

当我告诉一个很讨人喜欢的年轻人我最近所学到的为人处世的哲学，并且为所得到的结果而高兴的时候。他说，原本他认为我是个非常闷闷不乐的人。直到最近，他才改变了看法。并说当我微笑的时候，充满了慈祥。

我也改掉了批评他人的习惯。我现在只会赞美他人，而不蔑视他人。我现在试着从别人的观点来看事物，而这真的改变着我的人生。我变成了一个完全不同的人，一个更快乐、更富有的人，在幸福方面很富有，这才是真正重要的事物。

故事微语

从这位纽约证券股票场的工作人员的变化上，我们可以看到：微笑可以对人产生巨大的影响。如果你也想成为一个快乐的人，不妨从现在开始绽放微笑。哈佛大学威廉·詹姆斯教授说：“如果我们不愉快的话，要变得愉快的主动方式是愉快地笑起来，而且言行都好像是已经愉快起来……”

选择微笑，就会真的感到很快乐。当我们遇到伤心、低沉、失落的时候，只要选择微笑，就能找到属于自己的快乐。用乐观的眼光看待那些所谓的“落寞”，再难也要笑一笑，用微笑照亮一切，这样你才会无时无刻地感受到人生的快乐。

心灵箴言

笑，是治病的偏方，是健康的使者。

——高士其

生命的潮汐因快乐而升，因痛苦而降。

——[英] 斯宾塞

如果你在一天之中没有笑，那你这一天就算是白活了。

——[英] 莎士比亚

心态积极，阳光照耀每一个角落

故事话题

亚伯拉罕•林肯是美国第16任总统，同时也是首位共和党籍总统。他从1834年开始竞选公职以来，输掉了每一次重大竞选，在事业的征途中，不断遭受到来自社会、家庭的打击。在1854年与1858年竞选伊利诺伊州参议员时，他都以非常小的差距输给了自己的竞争对手。虽然林肯最终在1860年当选美国共和党总统候选人，并在同年11月当选美国总统，但他的反奴隶制立场却受到父系的全部亲戚以及母系亲戚和太太家族中大多数人的反对。

南北战争爆发之后，林肯的大小舅子们全部在南军服役。而战争初期，北军也一直节节败退，直到后来林肯提拔了格兰特将军，才转败为胜，直至几年后迫使南军彻底投降。但是，积极的心态最终让林肯从一个个挫折中挺了过来。

林肯最常挂在嘴边的一句话就是："上帝一定很喜欢平民，不然他不会造就出这么多平民来。"这种积极的心态，使他不因为自己出身卑微而感到自卑、不因生活坎坷而自暴自弃。他以自己的经历向世人证明：一个木匠的儿子也可以通过个人努力成为美国总统。就连两次击败过林肯的斯蒂芬•道格拉斯在评价这个老对手时也说："他是他党内强有力的人物，才智超群，阅历丰富，他是西部最优秀的竞选演说家。"

亚伯拉罕•林肯出身贫寒，却成为美国历史上最伟大的总统之一。长相丑陋，却迷倒了千百万美国人；因废除奴隶制而与南方作战，遇刺后整个美国都在悼念他。这就是积极心态的魅力所在。

故事解析

人生路上总有不圆满之处，只要保持积极的心态，就能承受生活中的变化，才能给自己更多的希望和信心，才更有可能获得成功。

积极的心态可以让人拥有战胜一切的决心。成功学大师拿破仑·希尔曾说过：“成功人士的首要标志，在于他的心态。在我们事业起步、发展的过程中，拥有一个积极的心态，可以让你乐观地面对人生，坚定地迎接挑战自我，这样你就已经成功了一半。”

俗话说：“人生在世，不如意事十之八九。”在遇到困难、挫折、不幸等人生逆境的时候，如果能拥有一个积极的心态，就可以把握住成功的机遇。

故事穿越

苏东坡的人生十分坎坷，在他 42 年的官宦生涯中，有 1/3 的时间里处于“流放”的动荡生活中。在他 40 岁之后，还因“乌台诗案”而被贬到黄州。坎坷的仕途之路并没有击倒苏东坡，他乐观地接受了这一切，并将自己的坎坷遭遇转化为文学创作和享受生活的动力。

被贬谪期间，苏东坡纵情山水，倾心于创作。他所创作的《念奴娇》《水调歌头》等名篇，将北宋诗文革新运动的精神扩展到词的领域，开创了与“婉约派”并立的“豪放派”词风，扩大了词的创作题材，丰富了词的意境。刘辰翁就曾这样评价苏东坡的词：“词至东坡，倾荡磊落，如诗，如文，如天地奇观。”

故事微语

人的一生中总要面对失败，只要保持乐观向上的心态，就能将其转化为前进的动力。拿破仑说：“不会从失败中找寻教训的人，他们的成功之路是遥远的。”只有坦然面对失败，并在失败中总结、思考，就能跨过人生的一道道坎，成就属于自己的事业。

一个人只有排除萦绕在心头的消极心态，才能朝着人生的目标、事业的方向坚定前进。否则，就很可能被消极心态拖入谷底。生活是一面镜子，你对它笑，它就对你笑；你对它哭，它也对你哭。无论在生活中发生什么不幸和挫折，你都应该以积极的心态来面对它。积极的心态可以挖掘你自身的潜能，可以培养你的创造力，最终使你朝着目标一步步地迈向成功。

人的一生中，困难、挫折、不幸和失败都是无法避免的。面对失败，只要依然能够保持良好的心态，相信阳光总会照耀每一个角落。

心灵箴言

每件事情都具有两面性，我们必须用自己的思想更多地关注好的一面。

——[美] 艾略特

假如生活欺骗了你，不要忧郁，也不要愤慨，相信吧，快乐之日就会到来。

——[俄] 普希金

人生在世。绝不能事事如愿。遇见了什么失望的事情，你也不必灰心丧气。你应当下个决心，想法子争回这口气才对。

——[美] 马克·吐温

与人相处，就如同在泥里挖金子，你很明确，你现在挖的是金子，而不是泥。如果对合作者我只是寻找他们身上的缺点，那么我会被气死，并且一无所有。相反，我知道每个人都有积极的一面，这是我要发现的。也许它埋在土里很深，但只要努力，我就一定会发现的。

——[美] 卡内基

放眼未来，以年轻的姿态去奔跑

故事话题

班超一家都是享有盛名的文学家，他们清正廉明，淡泊名利。因为汉朝官员的俸禄不高，所以他们家经常出现衣食没有着落的局面。起初班超没有做官，也就没有俸禄，只好到洛阳去投奔哥哥班固。

经人介绍，班超终于找到了一个在官府中抄抄写写的文书工作。一段时间之后，班超觉得抄书非常乏味，而且没有前途。有一天，当众人还在抄书的时候，班超忽然将笔掷在地上，仰天长叹道："身为大丈夫，虽没有什么突出的计谋才略，总应该学学在边疆建功立业的傅介子和张骞，以封侯晋爵，怎么能够老是干抄书这种笔墨营生呢？"周围的同事们听了这番话都取笑他。班超于是说道："凡夫俗子又怎能理解志士仁人的襟怀呢？"

当班超41岁的时候，匈奴控制了西域。兴盛多时的丝绸之路为之中断，严重影响了当时的社会经济发展。汉明帝刘庄诏令大军西征。早已对文书工作感到厌烦的班超非常惊喜，立即加入到了西征的队伍里，被任命为代司马，跟随都尉窦固西征。

班超到汉军后，充分展示了他远大的抱负和卓越的军事才能。自公元74年到92年的18年时间，班超带着36位壮士，以疏勒为根据地，历经无数战役，终于完成了统一西域的宏伟事业，确立了汉王朝在西域的统治地位，确保了丝绸之路的畅通。在班超65岁的时候，被封为"定远侯"。

故事解析

放眼未来，便可以确定人生的航道。当你满怀希望地去做一件事情的时候，必定是充满激情的，所取得的效果也往往事半功倍。

当你放眼未来的时候，便不会迷失方向。奔着未来努力，就是奔着胜利前进。班超投笔从戎，决绝地放下纸笔，勇敢地投身军旅，在边疆建功立业，终于封侯晋爵，名垂青史。你确立了未来的方向吗？若还不知道自己想做什么，那就赶快寻找自己人生的灯塔，用自己年轻的姿态去奔跑吧！

故事穿越

张衡是东汉时期的伟大天文学家，他指出月球本身并不发光，月光其实是日光的反射；他还正确地解释了月食的成因，并且认识到宇宙的无限性和行星运动的快慢与距离地球远近的关系。张衡之所以能取得这些成就，和他小时候就已经学会了放眼看未来是分不开的。

张衡自小就爱想问题，而且对问题总要寻根究底，弄个水落石出。在一个夏天的晚上，张衡和爷爷、奶奶在院子里乘凉。他坐在一张竹床上，仰着头，看着天空，还不时举手指指划划，认真地数星星。

张衡问爷爷：“我数的时间久了，看见有的星星位置移动了，原来在天空东边的，偏到西边去了。有的星星出现了，有的星星又不见了。它们不是在跑动吗？”

爷爷回答说：“星星确实是会移动的。你要认识星星，先要看北斗星。你看那边比较明亮的七颗星，连在一起就像一把勺子，很容易找到……”

“哦！我找到了！”小张衡兴奋地再次问道：“那么，它是怎样移动的呢？”

爷爷想了想回答道：“大约到半夜，它就移到上面，到天快亮的时候，这北斗就翻了一个身，倒挂在天空……”

这天晚上，张衡一直睡不着，他多次爬起来看北斗星。当他看到那排呈勺子样的北斗星果然倒挂着的时候，心想：这北斗星为什么会这样转来转去，是什么原因呢？天一亮，他便去问爷爷，但是爷爷也讲不清楚。于是，张衡带着这个问题，读天文书去了。

张衡长大后，皇帝得知他文才出众，便把他召到洛阳担任太史令，主要掌管天文历法的事情。

为了探明自然界的奥秘，张衡常常将自己关在书房里读书、研究，还时常站在天文台上观察日月星辰。他想：如果能制造出一种仪器，预报自然界将要发生的情况，这将对人们预防灾害，揭穿那些迷信鬼话有莫大的作用。于是，张衡便进行分析研究，开始了试制“观天察地”仪器的工作。张衡把研究的心得写成了一本书，叫作《灵宪》。在这本书里，张衡告诉大家：天是球形的，像个鸡蛋，天就像鸡蛋壳，包在地的外面，地就像蛋黄，就叫作“浑天说”。之后，张衡便开始设计、制造仪器了。在熬过很多个不眠之夜后，当时世界上最先进的天文仪器——浑天仪诞生了。后来，张衡经过努力钻研，又创造了世界上第一架能预报地震的仪器——地动仪。

故事微语

张衡在科学上的发明创造是举世闻名的，这与他从小就放眼未来是分不开的。雨果曾经说过：“未来将属于两种人：思想的人和劳动的人。实际上这两种人是一种人，因为思想也是劳动。”

让我们放眼未来，为自己确定人生方向吧，努力奋斗下去，以年轻的姿势去奔跑，为祖国未来的建设添一分力，为祖国的明天增添一分光彩。

心灵箴言

真正的智慧不仅在于能明察眼前，而且还能预见未来。

——忒壬斯

盐是咸的，但菜肴不可少；真理是苦的，但对未来不可少。

——蒙古谚语

未来是光明而美丽的，爱它吧，向它突进，为它工作，迎接它，尽可能地使它成为现实吧！

——[俄] 车尔尼雪夫斯基

我们赞赏那种真正的政治家，就像赞赏那种给我们写下了人间最宏伟的诗篇的人一样。永远放眼未来，赶在命运的前头，超越于权利之上。

——[法] 巴尔扎克

厚积薄发，每一天都激昂澎湃

故事话题

2003年，朱丹大学刚毕业便以替补身份进入一家电视台实习。作为职场新人，朱丹每天都要干很多工作，经常累得直不起腰来。

朱丹有些迷茫，因为没有工资，没有人支持自己，也得不到任何承诺，梦想中的金字塔不知离自己还有多远。

朱丹为了省钱，租住在一间特别小、整天不见阳光的房子里。每天下晚班后，朱丹要走很长的一段路才能回到住所。因为害怕天黑，朱丹常常三步并作两步。尽管已经很累了，但朱丹仍然坚持每天看一小时书后才上床睡觉。她经常握紧拳头告诉自己：“不要放弃，坚持下去，在最绝望处保持希望，我的人生终将辉煌！”

一年365天，朱丹没有请过一天假，一副拼命三郎的样子。厚积薄发，天道酬勤，朱丹慢慢地在台里脱颖而出。从《新闻晚报》，到《太可乐了》，再到《我爱记歌词》，朱丹变得如鱼得水，更加游刃有余。

朱丹仅仅用了5年的时间便一跃成为国内一线主持人。另外，朱丹还推出新歌《你是我的巧克力》，主演了电视剧《爱上女主播》，主持了七夕综艺晚会……朱丹的档期越来越满，随名气一块增长的，还有朱丹的收入。现在朱丹的单场主持出场费已经达到无数业内前辈望尘莫及的高度。

12
3
6
9

故事解析

朱丹的成功无疑是厚积薄发的结果，如果没有那么多的付出和努力，怎么会有名利双收的那一天？获得巨大的成就之前必定有一个“厚积”的过程，没有一个人的才华是与生俱来的，每一个成功者的背后，都有着一连串儿的让人精神为之感动的故事，之后才会有“薄发”的产生。

在成功的道路上，除了勤奋，是没有捷径可走的。在这个竞争激烈的世界里，快节奏的生活时刻令人感到一种莫大的压力，只有脚踏实地地学习，才会等到厚积薄发的那一天。

故事穿越

在 2013 年的高考中，被称为“小海伦·凯勒”的曾芷君成为香港的一名特殊状元。之所以被称为“小海伦·凯勒”，是因为曾芷君双目失明、严重弱听、手指触感缺陷，可是她在“三感不全”的成长历程中，以双唇代替双手，唇读凸感盲文进行学习，最终取得了 3 科 5++，2 科 5+的优秀成绩，她也因此如愿考入了香港中文大学翻译系。

出生后的几个月，曾芷君就因视神经萎缩而双目失明；小学时，她的双耳被确诊为中度至重度弱听，要靠助听器才能与人沟通。而且由于神经萎缩，芷君的手指指尖触感也有缺陷，想要用手触摸盲人专用的点字书也没办法做到。

面对困境，曾芷君没有放弃自己，她认为自己必须要接受现实。于是，她不停地摸索和努力，终于找到了最佳触点——双唇，而曾芷君也因此成为学校里唯一一个“吻”书的孩子。以唇“吻”书，困难可想而知。

中学时，曾芷君本来可以在盲人学校就读，但她却选择了一所普通学校，和正常学生同堂学习。曾芷君曾在一篇文章中写道：“踏入主流学校就读，是我生命的一个转折点。在以后的日子里，我将面对无数的挑战，我将竭尽所能，用功读书，克服每一个困难。”

曾芷君是这样写的，也是这样做的。课堂上，她捧起老师事先准备好的点字笔记，一边以唇“吻”书，一边戴着助听器听老师讲解。普通学生可以靠看电视、看报纸了解时事，这些对曾芷君却非常困难，但曾芷君的观点却经常让大家眼前一亮。原来，因为阅读速度很慢，曾芷君除了吃饭、冲凉和睡觉外，几乎所有的时间都用在阅读上。

在香港高考，有听力障碍的学生可以免除中英文听力考试，但是曾芷君并没有接受这样的“优待”，她认为不能放宽对自己的要求。在一次采访中，曾芷君坦言，无论她考出来的成绩如何，都必须学会去接受自己的障碍。

故事微语

要想有所成就，缺乏勤奋就变得难以实现。而勤奋就是一个“厚积薄发”的过程。伟大的劳动造就伟大的成功，勤勉耕耘就会结出丰硕的果实。勤奋是一笔比金子还大的财富，它能将人带入成功的殿堂。

“天才”是通过勤奋学来的，是用辛勤的汗水换来的。唯有勤奋、努力，不停地学习、进步，成功的征途才会少一些弯路。让我们从现在开始就勤奋起来，厚积薄发，每一天都激昂澎湃地学习和活。

心灵箴言

绳锯木断，水滴石穿。

——罗大经

精诚所至，金石为开。

——范晔

积土而为山，积水而为海。

——《荀子·儒效》

若要功夫深，铁杵磨成针。

——曹学

锲而舍之，朽木不折；锲而不舍，金石可镂。

——《荀子·劝学》

勇敢拼搏，抓住生命中的重要时刻

故事话题

拿破仑·波拿巴是法国18世纪的政治家、军事家，法兰西第一帝国和百日王朝的皇帝。可拿破仑·波拿巴原来只是一个尉级炮兵军官。

1793年，拿破仑·波拿巴参加进攻土伦的战役。正当革命军前线指挥官面对土伦坚固的防守犯难的时候，拿破仑·波拿抓住这个机会，直接向特派员萨利切蒂提出了一个新的作战方案。

在特派员苦无良策的时候，感觉拿破仑的方案特别有新意，便立即任命拿破仑为攻城炮兵副指挥，并提升他为少校。拿破仑立即抓住这个机遇，在前线精心谋划，勇敢战斗，充分展示了他的胆识和才智，最后攻克了土伦。

拿破仑·波拿巴因此荣立战功，并被破格提升为少将旅长，终于一举成名。这为他后来叱咤风云，登上权力巅峰奠定了良好的基础。

故事解析

机遇往往是偶然的，稍纵即逝，要想抓住这生命的重要时刻就要有超人的胆识、智慧和勇气。为了抓住机遇，就需要我们勇敢地面对生活中的每一次挑战。

每一次机遇的到来，都意味着一次严峻的考验。它不仅需要我们有坚实的功底和知识储备，更需要我们在看到机遇的时候，拿出拼搏和应战的勇气来。同学们，你留心机遇了吗？你抓住了机会了吗？请抓住身边的每一次机会！

故事穿越

公元前 257 年，平原君要选出 20 名门客随他一起去楚国签约。在选定了 19 人之后，还有一名空缺，毛遂主动请求前往。

平原君见他平日里默默无闻，就心生轻视之意，问：“先生来我这里几年了？”

毛遂说：“3 年了。”

平原君说：“我听说，锥处囊中，就会脱颖而出。你来了 3 年，为什么还没有名气呢？”

毛遂说：“问题在于您没有把我这把锥子放在囊中。只要给我这个机会，我会脱颖而出的。”

平原君听了，认为有理，于是带毛遂出使。果然，毛遂不负期望，在楚赵会盟中立下头功。

在几十年后，陈胜、吴广等也是因为把握住了人生的重要时刻而取得了成功。

公元前 209 年，陈胜、吴广等 900 名贫苦农民一起被征发去戍守渔阳，因路上遇大雨，道路冲垮，无法按期到达，按暴秦的法律，误期处死。

陈胜决定抓住这个时机动员戍边卒杀掉押送他们的秦朝军官，揭竿为旗，以木棍、锄头为武器，率领这支 900 人的农民武装反抗暴秦。

起义后，陈胜和吴广马上得到广大人民群众的支持。广大农民纷纷参加起义军，起义军迅速扩大，攻城略地，势如破竹，严重地削弱了暴秦的统治。

故事微语

翻开人类奋斗的史册，我们看到：有的人因为抓住机遇而“柳暗花明又一村”，获得了最后的成功；也有的人因为与机遇擦肩而过而抱憾终生。抓住机遇是一种能力，它会帮助你在人生道路上，实现一次转折性的飞跃。

在人生的道路上，如果你能做到勇敢地一马当先，抓住机遇，你就会大获全胜。从现在起，让我们学会勇敢拼搏，把握生命中的重要时刻吧！

心灵箴言

机遇之神以无与伦比的技巧向我们表明，它的恩惠和仁慈相比，任何才华能力都是无用的。

——[德] 叔本华

对于不会利用机会的人，时机又有什么用呢？一个不受胎的蛋，是要被时间的浪潮冲刷成废物的。

——[美] 艾略特

人类假如不能利用机会，机会就会随着时光的波浪流向茫茫的大海里去，而变成不会孵化的蛋了。

——[英] 乔治·爱利渥特

第二篇

泰然处事：打造强大的内心世界

持有一颗平常心，坐看云起云落，花开花谢，就能获得一份好心情。做平常事，做平凡人，保持健康的心理，以最美好的心情来迎接每一天的到来，那么每一天都会充满阳光，洋溢着希望。让我们学会泰然处事，打造自己强大的内心吧！

从容不迫，练就一颗淡定的心

故事话题

一个老和尚带着小和尚四处游方，途遇一条水流湍急的河，见一女子想要过河，却又不敢过。

老和尚便主动背着该女子趟过了河，然后放下该女子，与小和尚继续赶路。

小和尚不禁犯嘀咕：“师父怎么了？竟然背着一女子过河！”

一路走，一路想，最后小和尚终于忍不住了，问老和尚：“师父，您犯戒了。您怎么可以背一个女人呢？”

老和尚感叹道：“这件事情我早已放下，你却还放不下！”

故事解析

老和尚的从容、沉稳就是淡定，没有太多、太重的思想负担，顺其自然。淡定是生活的一种状态、理性、坚忍、气度和风范，也是一种达观的生活态度、一种超然的人生境界。我们每个人都需要这种心态，在生活中才会宠辱不惊，不会因为太过兴奋而忘乎所以，也不会因为太过悲伤而痛不欲生。

从容不迫是一种思想境界，是生活的一种状态。是一种淡定、优雅的感觉。从容不迫的人不好高骛远、缘木求鱼，也不盲目攀比，爱慕虚荣。他们脚踏实地地追求自己的幸福。遇事处之泰然，宠辱不惊。从容不迫的人不在乎太多的身外之物，认真地走自己脚下的路。

故事穿越

富兰克林·德拉诺·罗斯福是美国第31位、第32任总统，是美国历史上唯一蝉联四届的总统，也是美国迄今为止在任时间最长的总统。他同华盛顿、林肯齐名，是美国历史上最伟大的三位总统之一。

有一次，罗斯福的家里被盗，丢失了很多财产。他的朋友写信安慰他，劝他不要因此而伤心。

罗斯福在回信时这样写道："亲爱的朋友，我很好，心情平静，而且心怀感激。这是因为，第一，贼只是偷走了东西，没有伤害我的生命；第二，偷走的不是全部家产，还留下许多东西；第三，这是最重要的，偷东西的是别人，而不是我。"

故事微语

罗斯福对于生活的从容不迫就是一种淡定。从容不迫，练就一颗淡定的心，淡定的人面对世事既能宠辱不惊，又能不卑不亢。

淡定不是无所追求，而是在追求中要保持一种恬淡。对于一个人来说，只有淡定平静，才能让生活永远充满阳光。人淡如菊，心淡如水是一种智者的生存方式。

淡定需要时间和实践的积淀和净化，是人生的境界和智慧。心怀淡定之心的人，必将是最坦然、平和、洒脱的人！保持淡定，从此找到一份心灵的沃土。

心灵箴言

非淡泊无以明志，非宁静无以致远。

——诸葛亮

泰山崩于前而色不变，麋鹿兴于左而目不瞬。

——苏洵

宠辱不惊，看庭前花开花落；去留无意，望天空云卷云舒。

——陈继儒

心怀坦诚，建造一个不抱怨的世界

故事话题

很久很久以前，鸭子和天鹅是一对亲兄弟，它们长相相近，很难区分开来。鸭子是哥哥，天鹅是弟弟。它们长大后，一同拜山鹰为师学习追云赶月的飞翔技艺。跟老师学练了才 3 天，鸭子就有些受不了了。它嘟嘟囔囔地说：“唉！要是我们生在山鹰家里多好，从小就能出类拔萃，翱翔九霄，省得受这份洋罪，去练这飞翔的技艺。”天鹅说：“真本事来自苦用功，哪有一生下来什么都会的呢？就是山鹰的孩子，也是通过长期的勤学苦练才练成了一身过硬的翱翔技艺。不信，你问问老师。”

山鹰笑着说：“是啊，我们山鹰的孩子练起飞翔来一点也不比你们轻松，翅膀刮伤，脖子扭坏，那是常有的事。”

鸭子平静了没几天，心里又烦躁起来。“哼！山鹰练飞虽比我苦，可他起点比我高呀，我再苦练也跟不上人家。罢罢罢，干脆另谋出路。”天鹅苦劝无效，鸭子开小差溜了。鸭子离开山鹰，接着跟金雕学艺。没过几天，它又厌烦了，“四面高山一处山坳，环境太小，这小地方岂能练出绝世的功夫？”于是，它再次出走。就这样，它曾到大海上向海鸥求教，曾到沙漠里向秃鹫学习，也曾到森林里以猎隼为师……辗转各地，它不是嫌环境艰苦，就是嫌老师刻板，怨天尤人，每天都有说不完的牢骚。许多年过去了，鸭子飞翔的能力一点也没有提高，只能从一个水塘勉强飞到另一个水塘。而它的弟弟天鹅，经过刻苦的训练，早已成了举世闻名的飞行家，它能飞越珠峰，往往连老师都望而兴叹。

有好事者问鸭子对此有何感想时，鸭子说：“人家命好，老师偏爱父母宠，要是我有它那些条件，我肯定比它现在飞得还远还高，珠峰算什么！”据说，直到今天，鸭子还牢骚满腹地嘎嘎叫，从不低头沉思一下自己到底错在哪儿。

故事解析

有些人常常抱怨命运不公，却不为理想付出应有的努力。在别人为理想不懈地奋斗时，这些人却在玩乐；当看到别人的成功时，这些人却在抱怨，就像那只满腹牢骚的鸭子。

有些人为自己制定了一个远大的理想，但是在实现理想的过程中，遇到一点困难就牢骚满腹。如此反复，是难以学到真本事、成就大事业的。抱怨只会让成功离我们越来越远。所以，从现在起，让我们心怀坦诚，做一个不抱怨的人吧！

故事穿越

一个商人从事航海贩运，命运女神似乎格外垂青于他，各种恶劣的气候都没有对他的货物造成损失。他所有的同行都遭受过灾难，只有他的船平安抵港。因此，他很快就成了腰缠万贯的大富翁。

这个商人开始挥霍，一个朋友在目睹了他的豪华盛宴之后，不无羡慕地说道："您的家常便饭就有这样的气派，真让我大开眼界！"

一帆风顺的生活让这个商人认为赚钱是件很容易的事，因此，他把赚得的钱拿出来投资船业。但这次却没有之前的好运气了，第一条船设备很差，碰到一点儿风浪就翻了船；第二条船连必要的防御武器都没有，海盗连船带货都一齐掳了去；第三条船呢，虽然平安到港了，但一时间经济萧条，没有了往日那种追求奢华的风气和购物狂潮，货物也因为积压过久而变质了。另外，代理人的欺骗和他的花天酒地、挥金如土的生活方式也花费了他不少的钱财。

他的朋友看到他如此迅速地陷入一文不名的境况，问他："这是怎么回事？"

"唉，别提了，全怪那不济的命运。"

故事微语

很多人会将自己失败的原因推到命运女神身上了，一味地抱怨命运不济。但事实上，个人的成功离不开的是他人的帮助、环境的帮助、机遇的来临。哈佛大学告诉学生：命运不是用来埋怨的。当你成功的时候，你应该感谢的人有很多，因为独木难成林；当你失败的时候，你只有吸取教训，心怀坦诚，不抱怨，才能迎来下次的成功。

当你心怀坦诚，学会不抱怨的时候，会忘却抱怨，会更多地认识到自己的方向，会更加坚定自己的理想，同时你也会得到更多的帮助。要记住，命运不是用来埋怨的，只有心怀坦诚才会让你收获更多。

心灵箴言

正直是这么美妙的东西，千金难买。

——佚名

没有一种遗产能像诚实那样丰富的了。

——[英] 莎士比亚

正直和诚实还没有发现代用品，人们缺少它就没法取得成功。

——[德] 布雷默

化解危机，告诉自己一切都会过去

故事话题

美国电影《当幸福来敲门》在2006年上映时受到了人们的广泛推崇，很多人将其作为励志故事来看。这部电影取材于真实故事，以美国黑人投资专家克里斯•加德纳的故事作为素材改编而成。

加德纳没有大学文凭，刚开始事业非常不顺，是一名医疗器械推销员，赚的钱难以维持家庭的温饱。妻子难以忍受贫困的煎熬，离开了他，把儿子留给了他。他一度穷困潦倒、无家可归，只能带着儿子到无家可归者的收容所。有时，连收容所也无法容身的时候，他只能到地铁厕所、公园里过夜。对此，他自己曾说："在我二十几岁的时候，我经历了人们可以想象到的各种艰难、黑暗、恐惧的时刻，不过我从来没有放弃过。"

一个偶然的机会，他知道做证券经纪人只需要懂数字和人际关系就可以胜任时，他凭借自己的执著，得到了一个实习的机会。但是，得到这个机会也是要付出很大的代价的，在20人中只能有一个人留下，并且必须在没有报酬的情况下工作6个月。对于加德纳来说，这是个很大的挑战。他和儿子的生活根本无法保障，陷入了危机之中，连个容身之所都无法得到。在极度贫困的情况下，他不得不去卖血来换钱维持生活。即使在这样的情况下，他仍然带着儿子非常乐观地度过这段生活。

加德纳成功地当上了股票经纪人后，事业风生水起。凭借自己的努力奋斗，他在1987年开办了一家经纪公司，很快就身价百万。他拿出来自己的一部分钱，用来援助非洲的贫困难民。

故事解析

在这部影片中，有一些台词，蕴涵着深刻的生活哲理。诸如在他陷入贫困中时，加德纳说：“我生活的这一部分现在的这一部分叫作疲于奔命。”后来，加德纳经济好转的时候，他则说道“幸福自己会来敲门，生活也能得到解脱”。在危机中，即使到了山重水复疑无路的境地，只要不放弃希望，抱着破釜沉舟的决心和意志，经常会迸发出平常所没有的潜力，那么，展现在面前的则是柳暗花明又一村的美好图景。

当我们遇到危机的时候，也尝试着对自己说：一切都会过去的。用轻松的心态来面对生活中的每一次危机吧！

故事穿越

美国人保罗·迪克继承了一座森林庄园，这里林深树茂，是一座充满财富的绿色银行。

天有不测风云，在一个秋季，雷电引发了森林火灾，熊熊大火吞噬了大片的森林，把保罗心中的希望也焚烧了，望着昔日的绿色庄园如今满目疮痍，保罗的心冷到了极点，保罗决定向银行贷款，重新恢复庄园的绿色，可面对身无分文又无抵押物的保罗，银行的工作人员表示他们也无能为力。

几天的奔波竟然毫无收获，郁闷的保罗在街头徘徊。忽然，他眼前一亮，很多家庭主妇们在街角争相购买过冬的木炭，用来取暖。保罗灵光一现：这可是一个绝好的机会呀！他立即回家，雇了几个工人，把自家庄园里烧焦的树木加工成木炭，用纸箱包起来，然后运到街上出售。

由于他的木炭质优价廉，很快便打开了市场，保罗靠加工木炭获得了一笔不菲的收入。后来，保罗用这笔钱购买了树苗，在被大火烧过的森林里重新种树。几年后，庄园又恢复了勃勃生机。

故事微语

人们常常说：塞翁失马焉知非福。意在告诫人们即使面临着危机，身处困境，也不要一味悲伤，要明白在危机中也蕴藏着机遇。其实，危机本身并不可怕，可怕的是人们在危机中被打败，一蹶不振。

老子说："福兮，祸之所伏；祸兮，福之所倚。"真正坚强而睿智的人看到的是危机带来的机遇。人生的道路上难免充满各种困难和挑战，遇到困难和挑战时，我们不妨沉着冷静地应对，从中找到机遇，就能化险为夷，走出人生的低谷，拥有柳暗花明的美好境界。

心灵箴言

21世纪，没有危机感是最大的危机。

——[美] 理查德·帕斯卡尔

危机不仅带来麻烦，也蕴藏着无限商机。

——[美] 格雷格·布伦尼曼

一个伟大的企业，对待成就永远都要战战兢兢，如履薄冰。

——张瑞敏

换位思考，客观地看待问题

故事话题

一个常年在田间劳动的农民觉得自己的劳作太辛苦，特别是在炎热的夏天，更是感到苦不堪言。农民每天去劳作的路旁矗立着一座庙，他经常看到一个和尚悠然地摇着蒲扇坐在山门前的树阴下纳凉，他非常羡慕这个和尚的舒适生活。

有一天，农民告诉他的妻子，他想到庙里去做和尚。农民的妻子并没有进行强烈反对，只对农民说："出家当和尚可是件大事，你去了就不会回来了，我平时做得比较多的是织布之类的家务事，对田间方面的事不是很了解。从明天开始，我和你一起到田间去劳动，一来向你学些以前没做过的农活，二来早些做完当前重要的农活，你就能够早些到庙里去了。"

从此后，这夫妻两人同出同归，妻子为了不耽误时间，中午则会提前回家做了饭菜再送去，两人在庙前的树阴下同吃。时间过得飞快，完成了田里的主要农活后，选择了吉日，农民的妻子帮他将贴身的衣服洗洗补补，打个小包，并亲自将农民送到庙里，同时说明来意。

庙里的和尚听后非常诧异地说："我看到你们，同出同归，中午的饭在田头同吃。有说有笑，做事有商有量，无比恩爱。见你们过得如此幸福，我已经羡慕得决心还俗了，为何你反而要来做和尚？"

故事解析

这则故事表现的不仅仅是农民妻子的聪明贤惠，还体现了换位思考的道理。妻子先是站在了丈夫的角度去思考他要做和尚这件事，并给予理解，然后用行动来表明她的理解与支持。

所谓换位思考，即人对人的一种心理体验过程。换位思考在客观上要求人们将自己的内心世界，如思维方式、情感体验等同对方联系起来，站在对方的立场上思考和体验问题，从而为增进理解奠定基础。

换位思考是一种关爱和理解对方的好方法。一个人如果可以站在对方的立场上考虑问题，就能够比较客观、公正地看待问题，也能够防止主观片面，对人就会比较宽容，也就会更受到大家的喜爱。

试着让自己置身在别人的处境，你若对自己说：“我若处在他的情况下，会有什么反应，什么感觉?”这样你就能少却很多的苦恼，同时还能增加你在为人处世上的技巧。

故事穿越

一个畜栏里关着一头奶牛、一头绵羊和一头猪。一天，猪被牧人从畜栏里捉了出去，这时猪开始大声号叫，并强烈反抗着。

奶牛和绵羊对于猪的号叫感到不可理解也有些讨厌，便大声说道：“牧人也经常把我们捉去，但我们可没像你这样大呼小叫的。”

猪听后立即回应道：“牧人捉我和捉你们的目的根本就不一样，他捉奶牛不过是为了乳汁，捉绵羊不过是为了剪毛，但捉我却是要我的命啊!”

故事微语

牛和绵羊之所以不理解猪的号叫，是因为它们的立场不同，感受不同，经历也不同。从牛和绵羊自身的经历来说，被牧人捉出去也不会丧失性命，然而对于猪来说却是致命的，如果没有从猪的角度出发去看待这件事情，自然是无法理解猪的行为。所处环境不同，立场不同，要了解对方的感受是很难的。因而，面对他人的伤痛、挫折和失意时，我们应该进行换位思考，用一颗宽容的心去关心、了解他人。

拿破仑·希尔就曾指出要试着去了解别人，并从他的角度来看事情。善于站在他人的角度看问题的人能创造生活奇迹，更容易得到友谊。

设身处地地为他人着想是换位思考的实质，我们如果能够深入了解对方的内心世界，也许就能化解彼此之间的误会，谅解是一种理解、一种宽容、一种体贴、一种爱护。

心灵箴言

躬自厚而薄责于人。

——《论语·卫灵公》

责人之心责己，恕己之心恕人。

——《增广贤文》

当我们爱别人的时候，我们也希望别人爱我们。

——[法] 卢梭

我们每个人都是平等的，你只有用爱来交换爱，用信任来交换信任。

——[德] 马克思

宽容豁达，体会世间真善美

故事话题

三国时期的蜀国，在诸葛亮去世后任用蒋琬主持朝政。蒋琬的属下有个叫杨戏的，他性格孤僻，讷于言语。蒋琬在与他说话的时候，杨戏也是只应不答。

有人看不惯，对蒋琬说道："杨戏这人对您如此怠慢，太不像话了！"

蒋琬笑了一下，说道："人嘛，都有各自的脾气秉性。让杨戏当面说赞扬我的话，那可不是他的本性；让他当着众人的面说我的不是，他会觉得我下不来台。所以，他只好不做声了。其实，这正是他为人的可贵之处。"

后来，大家都赞叹蒋琬"宰相肚里能撑船"。

故事解析

一颗宽容的心灵所能承载的人与物，是无法用数字衡量的。在我们生存的世界上，有一种东西比地球的体积更庞大，比世界的幅员更辽阔，这便是人类的心灵。心灵是映射万物的根源，有着可以无限发展的空间。

内心宽厚的人会在世界上发挥更大的生命光辉，学会用大度、宽厚的心态去面对世界，这便是一种生命的进步。古往今来，宽厚之人承载的不仅是人事景物，更是人类的进步。

宽厚的心灵所产生的力量一直被世人传递和继承，容得起才有凝聚力，承担得起才有感召力，如此才有人类的进步。

故事穿越

包布·胡佛是一位著名的试飞员，常常在航空展览中做飞行表演。一天，包布·胡佛在圣地亚哥航空展览中表演完毕后飞回洛杉矶。在空中300米的高度，飞机两台引擎突然熄火。由于技术熟练，包布·胡佛操纵着飞机成功着陆，但是飞机严重损坏，所幸的是没有人受伤。

在迫降之后，包布·胡佛首先检查了飞机的燃料。正如包布·胡佛所预料的，他所驾驶的螺旋桨飞机，居然装的是喷气式飞机燃料而不是汽油。

回到机场以后，包布·胡佛要求与为他保养飞机的机械师见面。那位年轻的机械师为所犯的低级错误特别自责。当包布·胡佛走向他的时候，他正泪流满面。他的疏忽毁掉了一架非常昂贵的飞机，还差一点导致了3个人失去生命。但是，胡佛并没有责骂那位机械师。相反的是他用手臂抱住那个机械师的肩膀，对他说："为了表示我相信你不会再犯错误，我要你明天再为我保养飞机。"

故事微语

越是睿智的人，胸怀越宽广。俗话说：“处世让一步为高，退步即进步的根本。待人宽一分是福，利人是利己的根基。”能够原谅他人的错误，是心胸博大的体现。宽容的人容易获得快乐，更能体味到世间的真善美。

正所谓“宽则得众”。宽容是一种可贵的品质，一种崇高的境界，也是一种生存的智慧和仁爱的光芒。宽容是对别人的释怀，也是对自己的善待。

心灵箴言

宽以济猛，猛以济宽，宽猛相济。

——《左传》

智慧的艺术就是懂得该宽容什么的艺术。

——[美] 威廉·詹姆斯

紫罗兰把它的香气留在那踩扁了它的脚踝上。这就是宽恕。

——[美] 马克·吐温

盛开的榕树可以容众乘凉，自然千年长青。有宽容别人的心量，福泽大又长久。

——方海权

生活中有许多这样的场合：你打算用愤恨去实现的目标，完全可能由宽恕去实现。

——[英] 西德尼·史密斯

第三篇

相信自己:做一个最坚定的舵手

人生就像一场长途旅行，自信是风帆，它引领着你的生命之舟驶向成功。拥有信心，一切皆有可能。缺乏信心，所有的挑战都会显得难以逾越、无法克服。相信自己，世界将更加宽广明亮，让我们做一个最坚定的舵手吧!

坚持自我，方能成就未来

故事话题

小泽征尔是世界著名的音乐指挥家。一次他去欧洲参加一个大赛，在进行决赛时，他被安排在最后一个参赛，评判委员会给了他一张乐谱。小泽征尔以世界一流指挥家的风度，指挥着一支世界一流的乐队。正演奏时，小泽征尔突然发现乐曲中出现了不和谐的地方。

开始的时候，小泽征尔以为是演奏家们演奏错了，便指挥乐队停下来重新演奏，但仍觉得不自然。这时，在场的“权威人士”都郑重声明乐谱绝对没问题，而是小泽征尔的错觉。他被大家弄得十分难堪。在这庄严的音乐厅内，面对几百名“权威人士”，他不免对自己的判断产生了动摇，但是他考虑再三，坚信自己的判断是正确的。于是，小泽征尔大吼一声：“不！一定是乐谱错了！”他的话刚说出口，评判台上的“权威人士”立即全体起立向他报以热烈的掌声，祝贺他大赛夺魁。

原来这是评委们精心设计的圈套，以试探指挥家们在发现错误而又遭到“权威人士”否定的情况下，是否能够坚信自己的判断。因为，只有具备这种素质的人，才能成为世界一流的音乐指挥家。前两位参赛者虽然也发现了问题，但因受环境左右而放弃了自己的正确判断，只有小泽征尔相信自己而不附和“权威人士”的意见，从而获得了这次世界音乐指挥家大赛的桂冠。

评委

故事解析

鹰击长空，鱼翔浅底，这无不是坚守自我的精彩演绎。因为坚守自我的个性，世界才美丽，人生才精彩。我们每个人都有属于自己的精彩，坚持自我，方能成就自我。

坚持自我是一种精神，是一种内在涵养。因为坚持自我，世界才美丽，人生才精彩。坚持自我，拥有自己独特的思想、超凡的见识，无论成功与否，都在自我拼搏中，都会实现自己的人生价值。

故事穿越

公元前 536 年，郑国的子产将本国的法律条文铸在了象征诸侯权位的金属鼎上，并向全社会公布，史称“铸刑书”，这是中国历史上首次公布成文法的活动。

当时，子产的这一行为遭到了很多反对，晋国的叔向为此专门写信道：“先王议事以制，不为刑辟，惧民之有争心也。民知有辟则不忌于上，并有争心以征于书”，“弃礼而征于书，锥刀之末，将尽争之。”但子产依然没有放弃这一策略，之后，郑国社会逐步稳定，其他国家后来也纷纷效仿这一策略。

故事微语

坚持自我，以一颗平静的心聆听自己的心灵之声。坚持自我是一种精神，是一种力量，是一种内在涵养。坚持自我是张骞西行的驼铃阵阵，是卫青迎向大漠的旌旗猎猎，是岳飞拔剑杀敌的壮怀，是郑和下西洋的浪花翻飞……不为世俗所染的高洁，不为利誉所惑的正气，不为物欲所污的刚毅，这些都是坚持自我的美丽，他们因坚持自我而美丽。

生活中每个人都有自己的个性，坚守这份来自心灵的美丽，用自己的个性去拥抱世界。坚守自我的美丽，以个人独有的个性去创造自己的精彩。追求卓越，昂扬向上。

心灵箴言

仍然坚持一些看似可笑的自我。

——李若曦

既然我已经踏上这条道路，那么，任何东西都不应妨碍我沿着这条路走下去。

——[德] 康德

你既然期望辉煌伟大的一生，那么就应该从今天起，以毫不动摇的决心和坚定不移的信念，凭自己的智慧和毅力，去创造你和人类的快乐。

——佚名

持之以恒，让时间沉淀成熟的果实

故事话题

他出身贫寒，父亲是一名电气工程师，但经常找不到工作。迫于生计，父亲拖着妻儿搬了十几次家。

他 12 岁的时候，父母离婚了，他成为家中唯一的“男子汉”。有一次，他对母亲说：“你们看着吧，我要在 10 年内成为一名出色的演员！”在家人看来，这只不过是戏言，并没人指望他能成为明星。读高中时，他开始尝试拍一些戏剧，后来还辍学去了纽约。在纽约，他每天仅以面包充饥，寻找每一个试镜的机会。但导演们认为他不够英俊，表演时“热情过了头”。

1981 年，他来到了洛杉矶，获得一部情景剧中一个一闪即过的小角色，但是他并没有因此而获得一分钱的片酬。

1983 年，他出演了 4 部电影，但却遭遇了一连串的挫折，他并没有因此放弃，而是一直坚持着，并不断反思自身的不足，一步步克服和改进。

1986 年，他在一部影片《壮志凌云》中，初获成功，成为一大批美国年轻人心中的偶像。

此后，他又相继主演了几部著名影片，成功地成为了一名成熟影星。几年间，他数度问鼎奥斯卡金像奖、美国电影金球奖。

他就是好莱坞的影视巨星，被《时代周刊》列入“美国伟人”的汤姆·克鲁斯。

故事解析

有了梦想，并持之以恒，才能最终找到真正的自己。古人说“人之学也，或失则多，或失则寡，或失则易，或失则止”，可以说“持之以恒”是世上最宝贵的精神之一，也是世上最难做到的事情。也正因为宝贵，“持之以恒”才充满难度，也正因为困难，才更显其珍贵。

无论是一个企业，还是一个人，若能将一个正确的选择、一种好的习惯、一种优势坚持下去，就会获得一定的成就。从这个意义上来说，持之以恒就是一切成功的前提。

故事穿越

在荷兰代尔夫特市有一个初中刚毕业的年轻人，在小镇上找到一份替镇政府看门的工作。他一直守着这份工作坚持了60多年，没有再换过，也没有离开过这个小镇。

因看门工作较为轻松，时间宽裕，并且还能接触到许多不同的人。一次偶然的机会，他从一个朋友那儿得知阿姆斯特丹市有很多眼镜店，不仅磨制镜片，还磨制放大镜，并对他说："用放大镜，能够将看不清的小东西放大，从而让你看得清清楚楚，奇妙极了。"年轻人对此产生了浓厚的兴趣。由于放大镜价格昂贵，而磨制放大镜的方法又不神秘，所以年轻人决定自己动手来磨制放大镜，这样既能打发时间又满足了自己的兴趣。

他专注、细致地开始磨制放大镜，这一磨就是60年，锲而不舍。年轻人的坚持不懈，使得自己的技术越来越纯熟，甚至超过了专业技师，他所磨出的复合镜片的放大倍数比其他人的都要高。年轻人借着自己研磨的镜片，发现了当时科技还不知道的另一个丰富多彩的世界——微生物世界。之后，年轻人声名大振，虽然他只有初中文化，但却因此被授予了巴黎科学院院士的头衔。而俄国的彼得大帝、英国女王也曾慕名到小镇拜访过他。

创造这个奇迹的年轻人，即科学史上鼎鼎大名的荷兰科学家列文虎克。他踏踏实实地将手中的每一片玻璃磨好，将毕生的心血用于每个平淡无奇细节的完善，最终迎来了生命中的曙光，也为科学界带来了更为广阔的前景。

故事微语

人类几乎所有的成功，都是持之以恒的结果；人类几乎所有的创造，都是持之以恒的作用；人类几乎所有的竞技，都是持之以恒的较量。一花一世界，一叶一菩提，你若能将手中的小事情做到完美境界，相信成功离你也不远了。

荀子在《劝学》中系统阐述了正确的学习态度与方法，既要循序渐进，不断积累，也要持之以恒。持之以恒不但是一种正确的学习态度，而且是一种可贵的精神品质。

心灵箴言

骐骥一跃，不能十步；驽马十驾，功在不舍。

——《荀子·劝学》

只要持之以恒，知识丰富了，终能发现其奥秘。

——杨振宁

一个人只要强烈地坚持不懈地追求，他就能达到目的。

——[法] 司汤达

抓住机遇，迎接每一次挑战

故事话题

著名科学家巴斯德曾讲述过这样一个激动人心的关于机遇的故事：

1822 年，丹麦物理学家奥斯特在一次报告快结束的时候，把当时刚好带着的一根导线的两端与一个伏打电池相连接，放在磁针的上方，与磁针平行。

起初，奥斯特故意使导线与磁针垂直，这并没有发生什么情况。但是，当他无意当中将导线平放并与磁针平行的时候，他惊奇地发现磁针向相反的方向偏转了。

这样，完全凭借机遇，奥斯特发现了电和磁的关系，这为法拉第发明电磁发电机开辟了一条道路。

正是在讲述这段故事时，巴斯德说出了一条至理名言：“在观察的领域里，机遇只偏爱那种有准备的头脑。”

故事解析

华罗庚曾说过：“科学的灵感，绝不是坐等可以等来的，如果说，科学上的发现有什么偶然的机遇的话，那么这种‘偶然的机遇’只能给那些学有素养的人，给那些善于独立思考的人，给那些具有锲而不舍精神的人，而不会给懒汉。”

能否善于抓住机遇，是一个人成功与否的重要条件。你生活在一个充满机遇的世界里，只要你平时注意加强知识的积累，具有敢为天下先的创造意识和勇气，把握时机。那么你就会不断获得事业的成功，有道是：“机不可失，时不我待。”

故事穿越

1992年，第25届奥运会在西班牙巴塞罗那举行。该市的一家电器商店老板在赛前向巴塞罗那的市民宣称：“如果西班牙运动员在本届奥运会上得到的金牌总数超过10枚，那么顾客自6月3日到7月24日，凡在本商店购买电器，就都可以得到全额退款。”这个消息立即轰动了巴塞罗那。大家争先恐后地到这家电器商店购买电器，商店的销售量激增。尤其是，刚刚到7月4日，西班牙运动员就获得了10金1银。于是，人们开始更加卖力地抢购电器。

据估计，这家电器商店的退款将达到100万美元，看来老板是要亏大了！可他却从容不迫地说：“从9月份开始兑现退款。”

“这是为什么？他能全额退款吗？”人们的心里难免有疑问。

原来该电器商店的老板早做了安排。在发布广告之前，他首先去保险公司投了专险。保险公司认为西班牙不可能超过10枚金牌，就接受了这个保险。这是一个旱涝保收、只赚不赔的保险：如果西班牙运动员得到的金牌总数不超过10枚，那么电器商店就会发一笔大财，保险公司也无须赔偿。反之，金牌总数超过了10枚，那么电器商店要退的货款将全部由保险公司赔偿，与电器商店毫无关系，那么电器商店无疑发了更大的一笔财。

故事微语

所谓“谋事在人，成事在天。机不可失，时不再来。”每一次机遇的到来，对于任何人来说，都是一次挑战。它不仅需要我们有坚实的功底和知识储备，更需要我们在看到机遇的时候，拿出拼搏和应战的勇气来。

有人曾经说过：“机会对于不能利用它的人又有什么用呢？正如风只对于能利用它的人才是动力。”这也有一定的道理，因为机遇一般都属于有准备的人，在机遇来临之前，让我们努力学习知识，以便在机会来临的时候，可以将它牢牢地握在手里。

心灵箴言

机不可失，时不再来。

——张九龄

善于捕捉机会者为俊杰。

——[德] 歌德

良机只有一次，一旦错失，就再也得不到了。

——[美] 勃朗宁

人生成功的秘诀是当好机会来临时，立刻抓住它。

——[英] 狄斯累利

越挫越勇，在哪里跌倒就从哪里继续前行

故事话题

1914 年冬季的一个深夜，爱迪生的制造设备被一场大火严重毁坏，他损失了约 100 万美元和绝大部分的工作记录。

当年老的爱迪生看到儿子向他走来的时候，他只是在微笑着。

爱迪生的夫人米娜为此难过得几乎要哭出来，她伤心地说："多少年的心血被一场大火烧了个精光。如今年老力衰，要重修这座实验室，可不容易啊。"

爱迪生反倒安慰夫人说："不要紧，别看我已经 67 岁了，可是我并不老。上帝真厉害，知道我理不清头绪，让这一切都回到了原处，让我重新开始新的研究。从明天早晨起，一切都将重新开始，我相信没有一个人会老得不能重新开始工作的。"

第二天一早，爱迪生穿过灰烬，告诉家人："灾难中有宝贵的财富，我们应该感谢上帝，这下我们又可以重新开始。"

爱迪生立刻信心满满地像没有发生这场灾难似的投入了实验和研究中，甚至比之前更加勤奋，又开始在有声电影的研究道路上大踏步前进了。火灾后仅仅几个月的时间，爱迪生便着手推出了他的留声机。

故事解析

爱迪生所取得的成就实在令人佩服，但更让人佩服的是他越挫越勇的气魄。人生旅途，难免会遇到困难、坎坷或是沉重的打击。面对这些，你可以伤心，你可以悔恨，但重要的是不能丧失面对它的勇气。

当你遇到挫折时，如果一蹶不振，失去信心，那么你就与成功失之交臂了。荀子在《劝学篇》上曾经说过："锲而舍之，朽木不折；锲而不舍，金石可镂。"相反，如果你在遇到挫折时，能够保持良好的心态。继续拼搏，不放弃，那么就会越挫越勇，跌倒了，爬起来！再跌倒，再爬起来！暂时的疼痛并不可怕，擦干眼泪，继续拼搏！那样的话，成功早晚有一天会来到你的身边。

故事穿越

张硕的学习成绩特别好，他是老师眼中的“好学生”，父母眼里的“乖孩子”。老师甚至曾当着全班同学的面夸口，张硕考上重点大学一点问题也没有。

可惜世事难料，张硕考大学落榜了，他的分数连进普通大学都不够。

虽然大家都没有责怪张硕，可他自己实在承受不了这个打击。张硕跑去爬山，站在山顶迎着风，他有了一种想要飞翔的欲望。可惜天公不作美，好好的天气突然间下起了瓢泼大雨。

张硕感觉脚下的山石在滑动，他非常害怕，慌慌张张地向山下跑去。刚跑到半山腰，他遇见了一个山民，正在费力地向上爬。

张硕忍不住冲着山民大喊道：“大叔，别往上爬了，山上面的风雨更厉害。”

山民抬起头看了一眼正要跑下山的张硕，喊道：“傻小子，别往山下跑了，如果山体滑坡会把你埋在下面的，这个时候不如往山上爬，虽然风雨大点，但是只要避过松软的泥土，找到一块稳定的大石头栖身，就会比较安全。”

张硕觉得有道理，于是迎着风雨和山民一起往山上爬去，山民带着他爬到山顶上一块可以栖身的大石头上，算是安全了。

雨过天晴之后，张硕很感激山民救了他，山民笑了笑说：“这没什么。我也是经历了危险之后才学会的自保。爬山时遇见风雨，你如果逃避它，反而很快会被它淹没。迎向它，你反而有一线生机。”

张硕听完山民的话，茅塞顿开。人生不就像爬山一样吗？在挫折面前不应该低下头，应该勇敢地迎上去。

故事微语

人的一生不可能是一帆风顺的，不经历风雨，怎能看见彩虹？如果你想成功，就要去拼搏；如果你想成功，就要去奋斗；如果你想成功，跌倒了，那就爬起来继续前行！

生活中，无论做什么事情都可能会遇到挫折，我们在面对挫折时，要用耐心和意志去克服困难，就一定能取得最后的成功。在哪里跌倒就在哪里爬起来是一种莫大的勇气，是一种不服输的精神。让我们越挫越勇，勇敢地迎接生活中的每一次挑战吧！

心灵箴言

伟大的尝试，即使失败了，也是壮美的。

——[美] 文森特·隆巴迪

下定决心，不怕牺牲，排除万难，去争取胜利。

——毛泽东

在厄运中满怀希望，在好运中不忘忧虑，这样便能泰然担待祸福。

——[古罗马] 贺拉斯

这世界除了心理上的失败，实际上并不存在什么失败，只要不是一败涂地，你一定会取得胜利的。

——佚名

调整方向，给自己从头开始的机会

故事话题

罗忠福在少年时代曾因为自己出身于资本家的家庭而非常自卑。从中学时代起，他就开始被迫接受被歧视、被批判的日子。在读完一年大学之后，因为家庭成分问题而被当地卡住户口，于是他痛苦地退了学。

20 岁的时候，罗忠福的父亲辞世了，母亲只好给别人看孩子、洗衣服、挑煤以维持生计。母亲做这么辛苦的工作，使敏感的罗忠福感到深深的内疚。25 岁的时候，罗忠福被分配到一家小工厂当合同工，“师傅”竟如此讥笑他：“会读书有什么用，还不是给我这个不会读书的人当学徒？”

命运的不公使罗忠福感到非常难过。一次，他在长江边徘徊了一天。他真想以死来解脱这折磨人的“自卑”与屈辱。

当罗忠福从“文革”牢狱里放出来时，已经是 40 岁的人了，他忽然想给自己一个从头开始的机会，于是他从头开始学习经商，不畏失败挫折，在顽强奋斗十多年后，终于成为了亿万富翁，成为世界知名的中国民营企业家。

故事解析

罗忠福之所以能够成为世界知名的中国民营企业家，就在于他及时地调整了自己的人生方向，给了自己从头开始的机会。

没有人会不走弯路、错路，只要在感知自己的方向错了后，及时地作出调整，就依然有成功的机会。不管如何，我们都是在艰难的蜕变过程中完成了自己一次又一次的人生转折。在经历过一次又一次的转折之后，我们的人生之路定当更加清晰明确，我们的步伐便可以越来越快，成功便会离我们越来越近。

故事穿越

格林尼亚出生在一个富裕的家庭，他从小就过着优裕的生活，于是养成了游手好闲、摆阔逞强、盛气凌人的放荡公子的恶习，直到遭受了一次重大打击。

一次午宴上，格林尼亚对一位来自于巴黎的美貌女伯爵一见倾心，此时，他却只听到一句冷冰冰的话：“请站远一点，我最讨厌被花花公子挡住视线！”女伯爵的冷漠和讥讽，第一次让他在众人面前羞愧难当。突然间，格林尼亚发现自己是那样渺小，那样的被人厌弃，一种深深的自卑感使他感到无地自容。

格林尼亚很快就离开了家庭，只身一人来到了里昂，那段日子里他隐姓埋名，发愤求学，进入了里昂大学插班就读，并谢绝了一切社交活动，整天泡在图书馆和实验室里。格林尼亚的钻研精神赢得了菲得普·巴尔教授的器重。在名师的指点和自己长期的努力之下，格林尼亚发明了“格式试剂”，发表了200多篇学术论文，被瑞典皇家科学院授予1912年度诺贝尔奖。

故事微语

格林尼亚能够做到知耻而后勇，及时更改自己“游手好闲、摆阔逞强、盛气凌人的放荡公子”方向，给自己从头开始的机会，并付出持之以恒的努力，最终取得了成功。

每个人的命运都掌握在自己的手中，只有自己可以调整自己的方向，人生的转折点就在每一次的提升和个人成长之中。如果你发现自己现在的人生方向错了，不妨抓紧时间进行调整，给自己一个从头再来的机会，一切还为时不晚。

心灵箴言

想做老实人，什么时候开始都不迟。

——[古罗马] 塞内加

今是生活，今是动力，今是行为，今是创作。

——李大钊

如果你具备开始的勇气，就有了成功的豪情。

——[美] 戴维·维斯考特

第四篇

释放压力：时时刻刻调整自己

时光不会倒转，过去的事将会永远留在过去的刻度上，我们没有必要再去追忆、更不必为某些过往遗憾、难过、痛楚，让一切安然地留在过去，让自己轻装上阵，释放自己所有的压力，时刻调整自己，认真过好每一个今天吧！

乐观自信，每一天都是新的开始

故事话题

吉拉德在想步入推销界的时候，曾因为多次遭到拒绝而感到非常沮丧。他的妻子搂住他说：“乔伊，我们结婚时空无一物，不久就拥有了一切。现在我们又一无所有，那时我对你有信心，现在还是一样，我深信你会再次成功！”就在这一刹那，吉拉德明白了一条真理——“建立自己的信心，最佳途径之一，就是从别人那儿接受过来。”

吉拉德开始重新建立自信心，他拜访了一个汽车经销商，要求对方给自己安排一份推销工作。推销经理起初并没有同意。

经理问道：“你曾经推销过汽车吗？”

“没有。”

“为什么你觉得自己能胜任？”

“我推销过其他的东西——报纸、鞋油、房屋、食品，但人们真正买的是我，我推销自己，哈雷先生。”

此时的吉拉德已经建立了足够的自信。

经理笑笑说：“现在正是严冬，是汽车销售的淡季，假如我雇用了你，我会受到其他推销员的责难，再说也没有足够的暖气房供你使用了。”

“哈雷先生，假如您不雇用我，您将犯下人生中最大的错误。我不抢其他推销员的店面生意，我也不需要暖气房。我只要一张桌子和一部电话，两个月内我将打破您的最佳推销员的纪录，就这么定了。”

哈雷先生终于同意了吉拉德的请求，在楼上的一个角落里，给他安排了一张满是灰尘的桌子和一部电话。

就这样，吉拉德开始了他的汽车推销生涯。不久之后，他便取得了成功。

故事解析

人生最大的悲哀莫过于丧失自信。如果你能做到充满自信和激情地寻找生命的意义，那么你就能够做出一些了不起的事情。相信自己是一种能力，拥有这种能力往往就能取得事半功倍的效果。

一个人如果缺乏自信心，就会缺乏探索事物的主动性、积极性，他的能力自然也就会受到约束。你认为自己是宝石，你才可能成为宝石。自信心对一个人一生的发展起着无法估量的作用。

故事穿越

一位企业家由于投资不慎而破产，血本无归，妻离子散，使他成了流浪汉。他对于这一切无法面对、无法忘怀过去，越来越难过。最后，他想到了自杀。一个偶然的机会，他看到一本有关自信的书。这本书给他带来勇气和希望，他决定找到这本书的作者，请作者帮助他再度站起来。

当他找到作者时，说完他的故事后，哪知作者却对他说：“我以极大的兴趣听完了你的故事，我希望我能对你有所帮助，但事实上，我却没有能力来帮助你。”他的脸立刻变得苍白。他低下头，喃喃地说道：“这下完了，完了。”过了几秒钟，作者说道：“虽然我没有办法帮助你，但我可以介绍你去见一个人，他可以协助你东山再起。”刚说完这句话，流浪汉立刻跳了起来，抓住作者的手，说：“请您马上带我去见他。”于是作者把他带到一面高大的镜子面前，用手指着镜子说：“我介绍的就是这个人。在这世界上，只有这个人能使你东山再起。你必须彻底认识这个人，否则，你只能跳进维多利亚湖。因为你不能充分认识自我，你将是个没有任何价值的废物……”他朝着镜子向前走几步，用手摸摸他长满胡须的脸，对着镜子里的人从头到脚打量了几分钟，然后，退几步，低下头，开始哭泣起来……

几天后，作者在街上碰见了这个人，几乎认不出来了，他对作者说：“我正要到你的办公室去，把好消息告诉你。那一天我离开后，找到了一份年薪 3 万美元的工作。老板先预支了一些薪水给我，我去买些新衣服，还给父母寄了一些钱。现在我又走上成功之路了。”他还兴奋地对作者说：“告诉你，将来有一天，我会将一张空白支票送给你，支票上的金额数字由你填上。因为没有你，我不会活到今天，更不会有美好的未来……”

后来，他果然东山再起，成了一位著名的企业家。像这样一个焦虑无比，甚至想要死的人，是自信使他战胜了焦虑不安、战胜了死亡。

故事微语

这个企业家之所以能够东山再起，得益于他的自信心，自信可以产生巨大的力量，可以指引一个人走向成功，给一个人战胜困难和挫折的勇气。

自信是以理智为前提的，自信心是激励自己实现伟大志向的一种信念。真正有自信心的人，不会拒绝别人善意的提醒和建议。自信应有海纳百川的度量，也有改过自新的勇气。

每个人的生命深处都隐藏着巨大的潜能，只要相信自己，并不断努力挖掘自己的潜力，那么每一个人都会成为人生中的成功者。

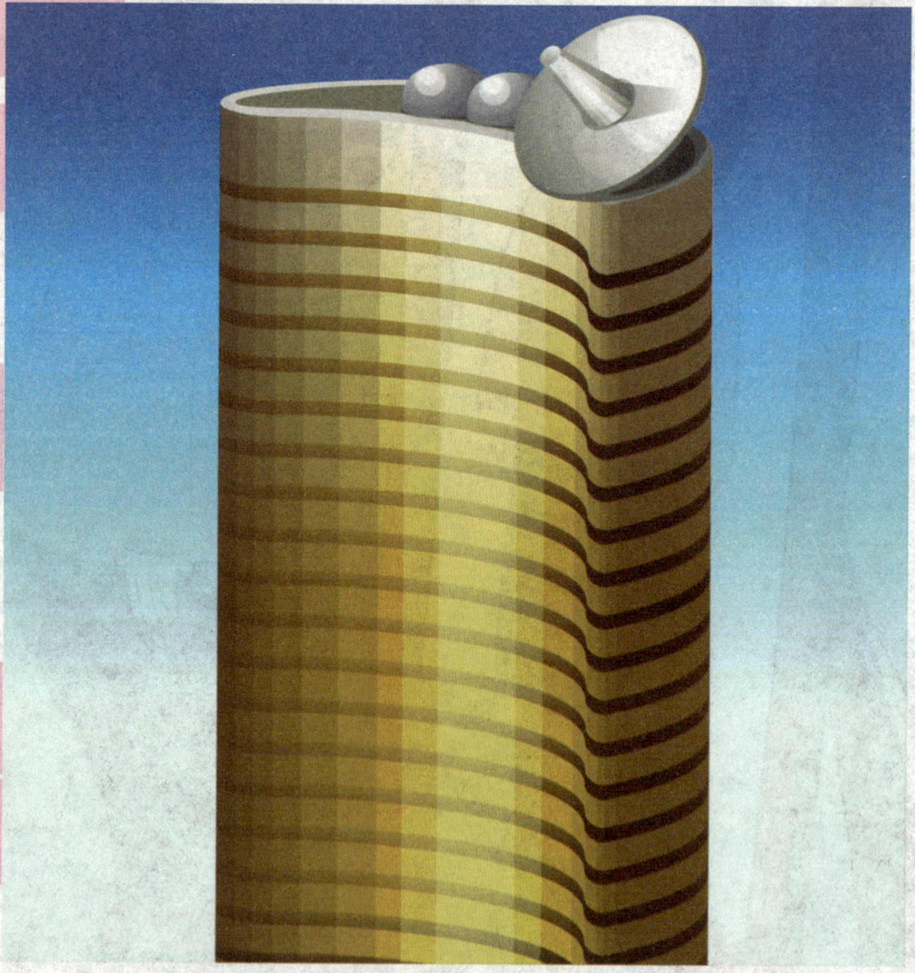

心灵箴言

自信是成功的第一秘诀。

——[美] 爱默生

人多不足以依赖，要生存只有靠自己。

——[法] 拿破仑

有信心的人，可以化渺小为伟大，化平庸为神奇。

——[英] 萧伯纳

除了人格以外，人生最大的损失，莫过于失掉自信心了。

——[英] 培尔辛

任何人都应该有自尊心，自信心，独立性，不然就是奴才。

——徐特立

学会放下，给灵魂一个轻松时刻

故事话题

一次，一位教授在上课前拿了一只盛有一些水的杯子。他举起杯子，让所有的学生都看到，然后问道：“你们猜猜看，这只杯子现在的重量有多少？”

“50 克！”“70 克！”“75 克！”……学生们回答道。这时，教授接着说：“现在，我的问题是：如果我把它像这样举几分钟，会发生什么事情呢？”

“什么事情都不会发生。”学生们回答道。

“好吧。那么，举半个小时会发生什么事情呢？”

“您的手臂会酸痛起来。”其中一个学生回答。

“你说得对。如果我把它举一天会发生什么事情呢？”

“您的手臂会变得麻木，肌肉会严重拉伤和麻痹，最后您肯定得去医院。”另一个学生回答说。所有的学生都笑了。

“很好。不过，在这期间水杯的重量发生什么改变了吗？”教授问道。

“没有呀。”大家一起回答。

“那么是什么导致了手臂疼痛、肌肉拉伤的呢？”教授停顿了一下又问道，“在我手臂开始疼痛之前，我应该做些什么呢？”

学生们迷惑了。

“把水杯放下啊！”有个学生说。

“对极了！”教授说，“生活中所遇到的问题也是这个道理。你把它们在脑子里掂量几分钟，好像出不了什么问题。考虑生活中的挑战或问题是有必要的，但更重要的是，每当一天结束，你上床睡觉的时候，要‘把问题放下’。这样，你第二天醒来的时候才会全身轻松，精神抖擞，能够应对可能遇到的任何机遇与挑战。”

好好学习

故事解析

随遇而安就能自得其乐，放下是一种解脱，可以给我们的灵魂一个轻松的时刻。做人其实不需要太过复杂，只要学会放下，其人生道路就会远离了痛苦与忧伤。放弃是一种智慧。“明者远见于未萌，智者避危于无形。”只有学会放弃，才能使自己更宽容、更睿智。放弃是一种拾级而上的从容、闲庭信步的淡然。

歌德说：“生命的全部奥秘就在于为了生存而放弃生存。”如果你感觉活得特别累，问题就在于你还没有学会放下。放下曾经的辉煌，放下昔日的苦难，卸下所有的包袱，你就能收获到安宁。

“学会放下”是一种生活态度。当我们感觉压力太大的时候，不妨“学会放下”，释放自我，重新调整生活态度，过更积极有意义的人生！即使遇到困难，也能做到坦然面对，少一份执拗，多一份对未来的期盼！

故事穿越

一个富翁背着很多的金银财宝到处寻找快乐，可他走过了千山万水仍未找到快乐，于是他沮丧地坐在山道间，问一个哼着小曲背着一大捆柴草从山上走下来的挑柴夫："为何你看上去那么快乐，而我却怎么也找不到快乐呢？"

挑柴夫放下沉甸甸的柴草，舒心地揩了一下汗水说："快乐很简单，放下就是快乐呀！"

富翁顿时开悟了：自己背着那么多的金银财宝，总是怕别人抢，总怕有人暗害自己，整日忧心忡忡，快乐从何而来？

于是，他告别挑柴夫之后，到一个小镇上，将自己的金银财宝捐给了穷苦的农民，他受到了大家的喜爱和赞扬，高兴地露出了笑容，心想：快乐果真就是这么简单，放下便可。

故事微语

放下，是一种心态的选择，是一门心灵的学问和生活的智慧。放下压力，便能收获轻松；放下烦恼，便能收获快乐；放下自卑，便能收获自信；放下消极，便能收获进取；放下抱怨，便能收获舒坦；放下犹豫，便能收获潇洒。

人生充满了选择，而放弃就是一门选择的艺术，是人生的必修课，是一种灵性的觉醒。人生是艰难的航行，当必须放弃时，就果断地放弃吧。放得下，才能走得远！唯有放下，才能腾出手来，抓住真正属于自己的快乐和幸福！学会放下，才会活出精彩人生！

只有当机立断地放弃那些不该有的痛苦和不舍，你的世界才能风和日丽，晴空万里。你才会领悟“小舍小得，大舍大得，不舍不得”的真谛。

心灵箴言

将欲取之，必先予之。

——孙子

舍得，舍得，有舍才有得。

——佛经

在人生的大风浪中，我们常常学船长的样子，在狂风暴雨之下把笨重的货物扔掉，以减轻船的重量。

——[法] 巴尔扎克

知足常乐，快乐其实就在身边

故事话题

古希腊哲学家苏格拉底还没有结婚的时候，和几个朋友一起住在一间只有七八平方米的房子里，但他却总是显得特别高兴的样子。

有人问他："和那么多人挤在一起，连转个身都不方便，有什么可高兴的？"苏格拉底说："朋友们在一起，随时都可以交流思想，交流感情，难道不是一件值得高兴的事情吗？"

过了一段时间，朋友们都成家了，先后搬了出去。屋子里只剩下苏格拉底一个人，但他仍然显得特别高兴。那人又问："现在的你，一个人孤孤单单的，还有什么好高兴的？"

苏格拉底又说："我有很多书啊，一本书就是一位老师，和这么多老师在一起，我时时刻刻都可以向他们请教，这难道不令人高兴吗？"

几年后，苏格拉底也成了家，搬进了一栋七层高的大楼里，但他的家在一层，一层的境况是非常差的，既不安静，也不安全，还不卫生。那人见苏格拉底还是一副特别高兴的样子，便问："你住这样的房子还快乐吗？"

苏格拉底说："你不知道一楼有多好啊！比如：进门就是家，搬东西方便，朋友来玩也方便，还可以在空地上养花种草，很多乐趣呀，只可意会，不可言传。"

又过了一年，苏格拉底把一层的房子让给了一个朋友，因为这个朋友的家里有一位患偏瘫的老人，上下楼不方便，而他则搬到了楼房的最高层。苏格拉底每天仍然显得特别高兴。那人又问他："先生，住在七楼又有哪些好处呢？"格拉底说："好处多着呢！比如说：每天上下几次，这是很好的锻炼；光线好，看书写字不伤眼睛；很少能受到其他人的干扰，白天黑夜都非常安静。"

故事解析

一个人，只要学会知足，快乐其实就在身边。懂得知足的人，不会被琐碎的事情所困扰，懂得知足的人的人生观价值观要比起其他人更加坚定。不以物喜，不以己悲，使自己的人生不断得以升华。

学会知足，我们才能坚守自己的精神家园，坚定地追求自己的人生目标；学会知足，可以使生活多一些光亮，不必为错误而后悔，也不会为失意而烦恼。

人生很难事事都如自己的心愿，因此，我们要学会拿得起，放得下。拿得起是胆量，放得下是豁达。懂得知足，才不会被欲望折磨。知足的心态，常常令乐观的人为自己所拥有的一切而欢呼、快乐。

故事穿越

胡九韶是明朝金溪人。他家境贫困，在教书的余暇还努力耕作，这也仅仅可以做到衣食温饱。

每天黄昏的时候，胡九韶都要到门口焚香，向天拜九拜，感谢上天赐予的清福。

妻子笑他说："我们的一天三餐无一不是菜粥，怎么谈得上是清福？"

胡九韶说："我首先很庆幸生在太平盛世，没有战争兵祸的灾难。又庆幸我们全家人都能有饭吃，有衣穿，不至于遭受挨饿或受冻。第三庆幸的是家里没有躺在床上的病人，监狱中没有犯罪的囚犯，这不是清福是什么呢？"

故事微语

在人生的道路上，如果不学会知足常乐，生活将出现许多累赘。太多的追求，只会让你活得太累；太多的牵涉，只会让你疲惫不堪。好高骛远，贪慕虚荣，令让你失去真正的幸福。

只要保持一种知足常乐的心态，就可以活得轻松、自在、快乐。知足的幸福是无法用金钱来衡量的，知足的人绝对是热爱生活的人。

同学们，请学会知足常乐吧！因为这样，你的生命之花才会美丽地绽放，你的前程才会出现一片希望的光芒。仔细发现，其实身边无处不快乐。

心灵箴言

人最大的财富，是在于无欲。

——[古罗马] 塞尼逊

故知足不辱，知止不殆，可以长久。

——《道德经》

祸莫大于不知足，咎莫大于欲得，故知足之足常足矣。

——《老子》

谁要是在内心里真正是知足常乐，他就能获得一切幸福。

——《五卷书》

最幸福的似乎是那些并无特别原因而快乐的人，他们仅仅因快乐而快乐。

——[美] 威廉姆·拉尔夫·英奇

简单生活，不给自己太大压力

故事话题

在北京奥运会上连拿 8 块金牌的美国游泳名将菲尔普斯，在赛后接受记者采访时说：“我算是个天才吗？我也不知道是不是，我不知道天才是什么。我的人生信条就是充满信心地过简单生活。”

菲尔普斯的生活到底有多简单呢？他的母亲非常心疼地说：“菲尔普斯的全部生活只有 3 件事：吃饭、睡觉、游泳。”教练鲍伯·鲍曼也这样说：“菲尔普斯的生活，就是从 12 岁到现在每周训练 7 天，每天游 12 千米，还要参加各种陆上有氧训练。在北京的奥运村，他每天除了比赛和训练以外，基本上就是待在房间里看电视，听音乐。”

正是这日复一日的简单生活，让菲尔普斯全神贯注，心无旁骛地参加训练，给他更多的时间和精力来冲击人类的极限，创造奥运史上的辉煌。

故事解析

余秋雨曾经说过：“一个成功的企业，它的经营模式一定是简单的；一个伟大的人物，他的人际关系一定是简单的；一个危机处理专家，他抓住问题的思路一定是简单的；一部划时代的著作，它的核心理念也一定是简单的。”深谙生活本质的人的生活一定是简单的。

取舍是一种态度，简单是一种心境。人生道路上，总会经历各种风雨，只要能够做到简单生活，保持简单的心境，就一定能够活得轻松、自在。我们也没必要给自己太大的压力，在简单的生活中成长，心无旁骛，反而会更容易获得成功。

故事穿越

有个渔夫，他每天只打两尾鱼，这两尾鱼刚好可以换他们一家一天的食物和水。然后他就会躺在沙滩上晒太阳，望着蓝天白云，孩子们有时候也会围绕在他的身边玩闹，显得特别悠闲自在。

这时来了一个商人，对这个渔夫说："老兄，我觉得你应该打更多的鱼，然后把它们卖了，等攒够一定数量的钱后就买一艘大点的船，再开着船去捞更多的鱼，你就会变得越来越有钱……"

"然后呢？"渔夫问商人。

"然后你就可以雇用其他的人来给你捕鱼、卖鱼，你就可以每天到沙滩晒太阳，望着蓝天白云，孩子们有时候也会围绕在你的身边玩闹……"

"可是我现在不正在沙滩晒太阳，望着蓝天白云，孩子们有时候也会围绕在我的身边玩闹？"那人回答说，"更重要的是等我做够了那些事，赚到了足够的钱，也许我就已经没有时间来晒太阳听海了……"

故事微语

简单是一种积极、乐观、向上的生活态度。简单就是要学会舍弃。丢开一切束缚我们心灵和思维的桎梏，更不要让世俗的网于无形中把你拉扯得身心俱惫。不要给自己太大压力，每个人的心所能承受的重量都不是无限的。

你一旦奉行了简单的准则，就会让心灵活得轻松。世间有太多需要我们关注的事情，不要将过多的精力用在追求名利上，享受大自然、多陪亲朋好友也是我们需要做的。欲望太大，往往于无形之中给了我们生命难以承受的重量。

心灵箴言

大自然总是在蠢人面前露出简单的特征。

——[英] 托·富勒

华丽常常伴随着伟大，幸运更经常地来自于简单。

——[美] 威·沃森

当你简化你的生活，宇宙的法律将更加简便；孤独不会孤独，贫穷不会贫穷，也不虚弱无力。

——[美] 亨利·戴维·梭罗

活在当下，珍惜眼前的小幸福

故事话题

尤金·奥凯利在担任毕马威会计师事务所的董事长和首席执行官时，他正处于人生和事业的巅峰时期。他的事业蒸蒸日上，家庭幸福美满，生活和事业的一切都让他感到美好。为此他为自己制订了一个又一个美好的生活计划：参加女儿的开学仪式，陪家人一同外出旅游，为自己职业生涯的再一次突破作出努力……

可就在一切顺风顺水之时，上天却给了他一个晴天霹雳的不幸：2005 年 5 月，尤金·奥凯利被确诊为脑癌晚期，医生告诉他生命只有 3 到 6 个月了。面对这突如其来的打击，尤金·奥凯利并没有因此而沮丧不安，他立即修改了原订的人生计划，利用一切尚存的时间继续书写自己的人生。他用生命的最后时光，争分夺秒地书写自己对人生的感悟《追逐日光》。在书中他写道：“人生不可以重来，不可以跳过，我们只能选择以一种最有意义的方式度过：那就是活在当下，追逐日光！”

故事解析

“活在当下，追逐日光。”尤金·奥凯利用自己的切身经历书写了一曲震撼人心的生命之歌。面对现实的不可抗拒性，唯有优化自我生命的纯度，才能真正诠释出生命的意义，将最专注的精力放在对当下生活的追逐上。抓住正在进行的这一刻的人生，不为前路的坎坷、无着落而担忧，不为过眼云烟的迷茫而惆怅，只有拿得起放得下，才能生活得无忧无虑，才是对生命最高程度的敬仰。

生命从来都不会对谁过于慷慨，即便百年的人生也是转瞬即逝，如果我们没有将精力放在对现有快乐的感恩和珍惜上，那么对于我们来说，岂不是白白浪费了大自然赋予我们的生命恩宠？用乐观去诠释自我生命的美好，我们才能用生命渲染世界的美丽。让我们从现在开始，学会活在当下，珍惜现有的每一刻吧！

故事穿越

一天早餐后，有人请佛陀指点自己。佛陀把他请进了内室，耐心聆听此人滔滔不绝地谈论自己存疑的各种问题，数分钟之后，佛陀举手，此人立即住口，想知道佛陀要指点他什么。

“你吃了早餐吗？”佛陀问道。

这人点点头。

“你洗了早餐的碗吗？”佛陀再问。

这人又点点头，接着张口欲言。

佛陀接着说道：“你有没有把碗晾干？”

“有的，有的，”此人有些不耐烦地回答道，“现在你可以为我解惑了吗？”

“你已经有了答案。”佛陀回答，接着将他请出了门。

几天之后，这人终于明白了佛陀点拨的道理。佛陀是提醒他要把重点放在眼前——必须全神贯注于当下，这才是真正的要点。

故事微语

活在当下是一种全身心地投入人生的生活方式。当你活在当下的时候，你全部的能量都集中在这一时刻，生命便具有了一种强烈的张力。

没有人生活在过去，也没有人生活在未来，现在是生命确实占有的唯一形态。我们的生命不会回到过去，也不会提前到达未来，只有现在正在进行着的生命，才能带给我们真实存在的一切。

学会活在当下，便能忘却生命中那些过往的不快，也不会对未来担忧，就会因正在进行着的生命和正在拥有的一切而感到快乐。能够将生命的全部注意力放在当下，不为过去以及未来而耗费自我精力的人，才能真正创造出与众不同的人生。

世界上没有可以重新来过的灵丹妙药，再多的遗憾也无法回到过去加以弥补，对过往的追忆和后悔只是一种精力的浪费，让我们无法专注于今天，专注于我们眼前的生活。

心灵箴言

就活在当下，别去想未来。

——[美] 凯莉布雷萧

活在当下，握住手中的东西，脚踏今天的道路，去实现明日的梦想！

——[佚名]

过去与未来并不是“存在”的东西，而是“存在过”和“可能存在”的东西。唯一“存在”的是现在。

——[古希腊] 库里希坡斯

第五篇

沐浴心灵：让青春多姿多彩

青春应该是多姿多彩的，像五颜六色的彩盒。拥有青春的我们的心灵也应该是纯净的，我们要学会感恩父母，感恩他们带给我们生命，并用行动去回馈他们；要乐观开朗，让快乐与我们形影不离；要学会理解宽容，温暖别人的心的同时，也温暖我们自己的心。让我们回归宁静，远离喧嚣，珍爱我们的朋友吧！

感恩父母，用行动去回馈他们

故事话题

有一个富翁，他的母亲老了，牙齿全坏掉了，于是他开着豪车带着母亲去一家著名的牙科诊所镶牙，一进诊所，医生就开始推销他们最新研制的假牙，可母亲却要了最便宜的那一款。

医生不甘就此罢休，他一边看着富翁儿子，一边耐心地给他们比较两种假牙的不同。可是令医生非常失望的是，这个富翁儿子却无动于衷，只顾着自己打电话、喝水，根本就不理会他。医生拗不过富翁的母亲，同意了她的要求。这时，母亲颤颤巍巍地从口袋里掏出一个布包，一层一层打开后，拿出一把零钱交了押金，准备一周后再来镶牙。

两人走后，诊所里的人就开始大骂这个富翁，说他衣冠楚楚，那么有钱，却不舍得花钱给母亲镶一副好牙。正当他们义愤填膺的时候，不想富翁儿子又回来了，他说："医生，麻烦您给我的母亲镶最好的烤瓷牙，费用我来出。不过您千万不要告诉我的母亲实情，因为她是个非常节俭的人，我不想让她不高兴。"

故事解析

富翁是一个懂得感恩的人，他用自己的独特的实际行动来回馈着母亲，他的感恩的方式是对母亲的呵护和尊重。

从只会在襁褓中啼哭，到喃喃学语叫出第一声爸妈，到第一次学会跌跌撞撞地走路，第一次背着书包走向学校，父母为我们付出了太多太多……

怀抱一颗感恩的心，犹如在人生的旅途中点燃了一盏明灯，感恩父母，就让我们用行动去回馈他们吧！父母回家后的一杯热茶；吃完饭后主动洗碗筷；父母休息时给他们捶捶肩，这些对我们来说力所能及的事，无一不是对他们的回馈。

故事穿越

东汉时的黄香是历史上公认的“孝亲”的典范。

黄香小的时候，家里十分贫困，10 岁的时候，黄香失去了母亲，父亲多病。

闷热的夏天，黄香在睡前用扇子赶打蚊子，扇凉父亲睡觉的床和枕头，以便让父亲舒服地入睡；寒冷的冬夜，黄香会先钻进冰冷的被窝，用自己的身体暖热被窝后才让父亲睡下；冬天，黄香穿不起棉袄，为了不让父亲因此而伤心，他从不叫冷，总是表现出欢呼雀跃的样子，努力造成一种欢乐的气氛，好让父亲宽心，早日康复。

近代历史上也有一位“孝亲”的典范。

20 世纪 60 年代初，陈毅时任国务院副总理兼外交部长，日理万机，公务繁忙。

那年，陈毅 62 岁，他出国访问回国后，得知母亲病重，下了飞机就去看望。陈毅刚跨进家门，就看见母亲让身边照顾她的保姆藏起了什么东西，于是问：“娘，你把什么东西藏在床下了？”母亲眼看瞒不过去，只好如实告诉陈毅藏起来的是她刚尿湿的裤子。陈毅听了，便说：“娘，您久病在身，我不能在您身边侍候您老人家，心里着实难受。这裤子我马上拿去洗了，还藏着做啥子？”无论陈毅如何说，保姆都不让他去洗，觉得让这么大的官去洗尿裤子很不好。

母亲也劝说陈毅：“你好不容易回家一趟，一进门就让你洗脏裤子怎么行？”

陈毅说：“我不是说着玩的，您就允了吧。我小的时候，不知您多少次给我洗尿布尿裤。现在，儿子有机会为您老人家洗一洗脏裤，虽然不能报答您的养育之恩，也总算尽了一份孝心吧。”说罢，陈毅便躬下身从床下拿出母亲的尿裤和其他脏衣服，一起去将它们洗得干干净净。

故事微语

感恩的生活是美好的，生命犹如一张白纸，有了感恩，这纸上便会出现亮丽的色彩。一生都怀抱感恩，也就有了美好的人生。父母是给予我们生命并养育我们的人，付出的艰辛可想而知，我们感恩父母既是一种责任，也是一种义务。

“滴水之恩，当涌泉相报。”更何况父母为我们付出何止是“一滴水”，而是一片汪洋大海。感恩，需要用行动来证明，更重要的是需要做到真心实意。让我们从现在起，学会感恩父母，用自己的实际行动来回馈他们吧！

心灵箴言

重资财，薄父母，不成人子。

——朱柏庐

父母之所爱亦爱之，父母之所敬亦敬之。

——孔子

父母之年，不可不知也。一则以喜，一则以惧。

——《论语》

君子有三乐，而王天下不与存焉。父母俱存，兄弟无故，一乐也；仰不愧于天，俯不怍于人，二乐也；得天下英才而教育之，三乐也。

——孟子

乐观开朗，让快乐如影随形

故事话题

著名发明家贝尔曾费尽大半生的财力，建立了一个庞大的实验室。但是不幸的是，一场大火将他的实验室化为了灰烬，他一生的研究心血也几乎都付之一炬。

当贝尔的儿子在火场附近焦急地找到父亲的时候，他看到已经67岁的父亲居然一个人静静地坐在一个小斜坡上，默默地看着大火烧尽一切。

贝尔见儿子来找他，突然扯开喉咙让他儿子快去找他的母亲来：“快把你的母亲找来，让她也看看这场难得一见的大火！”

大家都认为大火可能对贝尔造成的打击太严重了，导致了他精神有些失常了。但是贝尔却说：“大火烧尽了所有的错误。感谢上帝，我又可以重新开始了。”

没多久，贝尔的新实验室就再次建立起来了。时至今日，贝尔实验室已经成为科学家的摇篮。

故事解析

有些人能在不幸的阴霾背后看到阳光，用乐观开朗的心境再次去追逐幸福。有些人却因为不堪打击而痛不欲生，而一蹶不振，成为不幸的奴仆。悲观思想引发负面情绪，乐观思想引发正面情绪，各种情绪对人们所产生的影响是不同的。

没有什么苦难比乐观的心态更强大。乐观不仅是一种生活态度，也是一种生活的智慧。用乐观的心态与不幸的命运作抗衡，那么一切都会被我们画上积极的色彩，使我们的人生中充满快乐，引导我们驶向成功的彼岸。

把握住乐观的心态，也就把握住了快乐的航向，让我们以乐观开朗的心境来让快乐如影随形吧！

故事穿越

塞尔玛是一名军人的妻子，因为丈夫需要奉命到一个处在沙漠之中的陆军基地进行较长时间的演习，所以塞尔玛陪同丈夫一同前往。白天，塞尔玛便独自一人留在陆军的小铁皮房子里，在那个最高温度约69℃的炎热之地，塞尔玛找不到一个可以说话的人，因为她的身边只有墨西哥人和印第安人，而他们不会说英语。于是塞尔玛每天只能盼着丈夫早点回来，感觉度日如年，而与丈夫相聚的时间她却总是感觉短暂无比。每天重复着这样的生活，她的心情沮丧到了极点。后来，她再也忍受不住时间的煎熬，写信给她的父母，强烈表明了自己内心的孤寂和对现实的难以接受，她不顾一切地要求回家去。不久，她接到了父亲的回信，信上只写了两句话：两个人从牢中的铁窗望出去，一个看到荒野，一个却看到了星星。

塞尔玛拿着这封信读了许久，决定在沙漠中找到星星。于是她走出小铁屋，试着和当地人交朋友。当地人的反应令她受宠若惊，人们并没有像她想的那样冷漠，相反还十分热情。当她表示对他们的陶罐和纺织品感兴趣时，他们便大方地将不舍得卖给客人的陶器和纺织品送给她，与她分享食物和快乐。当地人还带着塞尔玛看日落、寻找海螺壳，她还学习了有关土拨鼠的知识，并研究起那些引人着迷的仙人掌和各种沙漠植物、物态等，处境的改变让塞尔玛对那里充满了好感，她每天都觉得时间过得飞快，一切在她眼里都变得生机勃勃。后来，塞尔玛的丈夫演习结束，准备离开这片沙漠，塞尔玛竟然发觉自己对那里已经产生了感情，甚至不想离开了。回来之后，塞尔玛将她的经历写成了一本书并出版发行，名字叫《快乐的城堡》。

故事微语

塞尔玛父亲的一句话，不仅改变了塞尔玛沙漠之行的生活，而且也完全改变了她的人生，使她明白了乐观的真谛，也找到了快乐的生活状态。从铁窗中看到星星，正是一种乐观心态的写照。从乐观的视角去看待所谓的痛苦，那么就能在痛苦背后看到快乐，痛苦也就不再成为痛苦，原本灰暗的世界，也会重新焕发光彩。

人生在世，难免都会遭遇不如意的事情，它们也许就在人们不经意间闯入生活，但是仍有一些人可以笑着迎接它们的到来，保持着乐观的心态。乐观的生活态度便是生活的阳光。如果你能够乐观地面对生活，那么无论遇到什么，你的生活也一定都是灿烂的。

心灵箴言

快乐应该是美德的伴侣。

——[西班牙] 巴尔德斯

真正的快乐是内在的，它只有在人类的心灵里才能发现。

——[德] 布雷默

一个人如能让自己经常维持像孩子一般纯洁的心灵，用乐观的心情做事，用善良的心肠待人，光明坦白，他的人生一定比别人快乐得多。

——[法] 罗曼·罗兰

友情至上，君子之交淡如水

故事话题

1885 年 1 月 7 日，恩格斯的妻子玛丽突然患心脏病去世。恩格斯以十分悲痛的心情将这件事写信告诉了马克思，信中写道："我无法告诉你我现在的心情，这个可怜的姑娘是以她的整个心灵爱着我的。"

第二天，马克思从伦敦给曼彻斯特的恩格斯回信。信中对玛丽的噩耗只是写了一句平淡的慰问话，却不合时宜地诉说了一大堆自己的困境：肉商、面包商即将停止赊账给他，房租和孩子的学费逼得他喘不过气来，孩子上街没有鞋子和衣服，"一句话，魔鬼找上门了"。生活的困境折磨着马克思，使他忽略了对朋友不幸的关切。

正处于极度悲痛中的恩格斯，收到这封信，不禁有些生气。从前，两位挚友隔一两天就通信一次，这次，一直隔了 5 天，也就是 1 月 15 日，恩格斯才给马克思回信，并在信中直白地说："你自然明白，这次我自己的不幸和你对此的冷冰冰的态度，使我完全不可能早些给你回信。我的一切朋友，包括相识的庸人在内，在这种使我极其悲痛的时刻对我表示的同情和友谊，都超出了我的预料。你却认为这个时刻正是表现你那冷静的思维方式的卓越时机。那就听便吧！"

收到信后，马克思并没有为自己辩护，而是认真地进行了自我批评。10 天以后，当双方都冷静下来的时候，马克思给恩格斯写信说："从我这方面说，给你写那封信是个大错，信一发出我就后悔了。然而这绝不是出于冷酷无情。我的妻子和孩子们都可以作证：我收到你的那封信时极其震惊，就像我最亲近的一个人去世一样。而到晚上给你写信的时候，则是处于完全绝望的状态之中。在我家里待着，见到房东打发来的评价员，收到了肉商的拒付期票，家里没有煤和食品，小燕妮卧病在床……"

源于对朋友的了解和信赖，收到这封信后，恩格斯立即原谅了马克思。1 月 26 日，恩格斯给马克思的信中说：“对你的坦率，我表示感谢。你自己也明白，前次的来信给我造成了怎样的印象。……我接到你的信时，她还没有下葬。应该告诉你这封信整整一个星期，始终在我的脑中盘旋，没法把它忘掉。不过不要紧，你最近的这封信已经把前一封信所留下的印象消除了，而且我感到高兴的是，我没有在失去玛丽的同时失去自己最好的朋友。”随信恩格斯还寄去了 100 英镑，以帮助马克思渡过困境。

故事解析

波折已经产生，友谊经历着考验。其实人与人之间难免会出现一些摩擦，但这更能考验我们的友情，真正的朋友对于彼此之间的难处是会谅解的。在艰难困苦的日子里，马克思和恩格斯能够做到相互支持，分担着彼此的忧愁，相互宽容，成为我们学习的典范和楷模。

天下没有两片相同的树叶，也没有两个完全相同的人。每个人的性格、特长都有差异，在处理人际关系中不能强求一致。真正的朋友可以做到相互理解和支持。俗话说：“海纳百川，有容乃大”，宽容不仅对他人有益，对于自己，也是一种难得的体验和提升。

故事穿越

战国时期有一个人叫俞伯牙，他的琴艺特别高。

有一天俞伯牙在深山老林里弹琴的时候，来了一个打柴人，名叫钟子期。俞伯牙一弹琴，钟子期就说了："峨峨兮若泰山。"俞伯牙心里大吃一惊，因为他心里正想表现高山呢，就立即被钟子期听出来了。

俞伯牙心想：我换一个流水的主题，看钟子期还能不能听出来。谁知，钟子期一听，又说："洋洋兮若江河。"

不管俞伯牙弹奏什么，钟子期都能听出他的音乐所表现的内容。于是两个人就成了好朋友，成了知音。

但是，没多久钟子期就去世了，俞伯牙痛失知音，伤心到了极点，就把自己的琴给摔了，发誓永远不再弹琴。

这个故事后来就形成了"高山流水"这个成语。

故事微语

友情，一个闪耀着光芒的名词，一个细心品味心头就会充满温暖的名词。友情是美妙音符撞击出来的不朽的乐章。有朋友的人是幸福的，有一个同甘苦、共患难的朋友，在任何时刻都能在自己的背后默默地支持着自己，哪怕前路再艰险，也充满了勇气。

没有友情的生命，缺乏靓丽的色彩，没有友情的生活，犹如死水一般。生活需要友情，因为有了友情，生活变得更加充实。愿我们以一份真诚去迎接友情，让友谊之花永远盛开在我们的生活中！

心灵箴言

挚友如异体同心。

——[古希腊] 亚里士多德

友谊永远是一个甜柔的责任，从来不是一种机会。

——[美] 纪伯伦

世间最美好的东西，莫过于有几个头脑和心地都很正直的严正的朋友。

——[美] 爱因斯坦

友谊是一种温静与沉着的爱，为理智所引导，习惯所结成，从长久的认识与共同的契合而产生，没有嫉妒，也没有恐惧。

——佚名

理解宽容，温暖就在心中

故事话题

邹恩和戴瑞是朋友。有一次，他们结伴去沙漠旅行。

两人行至一处山谷处，戴瑞失足滑落，幸而邹恩拼命拉他，才将他救起。

戴瑞于是在附近大石头上刻下："某年某月某日，邹恩救了戴瑞一命。"

两人继续走了几天，来到一处河边，为了一件小事吵了起来。邹恩一气之下打了戴瑞一耳光。

戴瑞于是跑到沙滩上，写下"某年某月某日，邹恩打了戴瑞一耳光。"

当他们旅游回来后，邹恩好奇地问戴瑞："为什么要把救你的事刻在石头上，而把打你的事写在沙上？"

戴瑞回答："我永远感激你救我，至于你打我的事，我会随着沙滩上字迹的消失而忘得一干二净。"邹恩很是感动。

故事解析

记住别人的优点，忘记别人的缺点，这是智者的做法。人无完人，每个人都有自己的优点和缺点。我们都应该宽容地接纳别人的缺点。多一点理解和宽容，就会促使事情向好的一面转化，所谓“化干戈为玉帛”。

古人云：“海纳百川，有容乃大；壁立千仞，无欲则刚。”意思是说，能够宽容地接纳别人的缺点，不与别人计较的人，都是豁达开朗的人。他们拥有博大的胸襟，能赢得别人的尊敬和爱戴。

我们在与身边的人产生矛盾的时候，不妨也以理解和宽容的态度来面对他们，或许矛盾就会迎刃而解，温暖就会驻扎在心中。

故事穿越

有一次，卡耐基在谈论一本名著的作者时，由于不小心，他两次把这位作者的故居说错。结果，卡耐基的错误遭到了不少人的批评。

一位女士写来一封辱骂性的信，卡耐基几乎快被激怒了。他虽然在地理上犯了一个错误，但这位女士在礼节上犯了一个更大的错误。

可是，卡耐基并没有回击那位女士，他知道相互指责和争论是毫无意义的。自己错了，就应该向别人承认错误，这才是最好的应对方法。

于是他在广播里向听众致歉，还特意给那位辱骂过他的女士打电话，向她承认错误并表示歉意。

后来，那位女士反而为自己写的那封信而感到惭愧。她说：“卡耐基先生，您一定是个大好人，我很乐意和您交个朋友。”就这样，卡耐基用自己的宽容化解了矛盾。

故事微语

那位女士写的“辱骂性的信”虽然很没有礼貌，但卡耐基并没有与她计较，而是大度地承认自己的错误，最终用理解和宽容感化了那位女士。对别人的缺点要宽容，只有宽容才是解决问题的方法。指责和批评不但不会让人改过，只会让人更难堪。

常言说得好：“当你伸出两根手指去谴责别人时，余下的三根手指恰恰是对着自己的。”所以，对别人不要随意指责，应当学会宽容地接纳别人的缺点。曼德拉曾经说过：“感恩与宽容常常源自痛苦与磨难。必须通过极强的毅力来训练。”宽容他人并不容易，一旦宽容地接纳他人的缺点，才能让自己获得更良好的人际关系。

心灵箴言

开诚心，布大度。

——康有为

与人为善就是善于宽谅。

——[美] 弗罗斯特

宽宏精神是一切事物中最伟大的。

——[英] 欧文

自出洞来无敌手，得饶人处且饶人。

——善棋道人

宽容并不是姑息错误和软弱，而是一种坚强和勇敢。

——周向潮

回归宁静，让灵魂远离喧嚣

故事话题

美国著名的女企业家玫琳•凯以5000美元起家，用了30年的时间，创建了一个年营业额达20亿美元的化妆品帝国。

玫琳•凯在管理下属的时候，非常注意将部下的浮躁情绪激发成为热情与活力，让他们更有激情地投入到工作中去。玫琳•凯说："之所以这样是因为有一个变浮躁为激情的故事给了我莫大的启发。"

有一次，玫琳•凯邀请了一位著名人士给公司的员工做演讲。但是因为这名著名人士的班机晚了点，因而在他到达之前，玫琳•凯不得不安排其他节目，并亲自上台演讲，直到得到暗示，说这名著名人士已经到达后台。

当玫琳•凯在台上介绍这位著名人士的时候，却发现他在后台捶打着自己的胸膛，不断地跳上跳下，看上去就像一只大猩猩。玫琳•凯心中更加忐忑：我的天！我正在这里说赞美他的话，而他却如此"发作"。

当这位著名人士上台讲演的时候，他神采飞扬，充满激情，讲演极其精彩，效果出乎意料的好。事后，玫琳•凯问他："你快把我吓了个半死。你为什么要在后台那样捶胸顿足，而且上蹿下跳？"

"玫琳•凯，"这位著名人士说，"我的工作就是激励别人，但有些时候我自己却很糟糕，心情变得很浮躁。比如今天，飞机误点搞得我心浮气躁。但我知道你们正期待着一位有激情、有活力又满怀热忱的讲演者，尤其是我当看到观众席上那些充满希望的面孔时，更觉得我不能向你们诉苦，我必须做出一副很有活力的样子，同时用我的活力来激发他们的热情，而我发现，只要做一些练习，捶自己胸膛就可以让自己心浮气躁的情绪马上变得热血沸腾，我刚才那样做就是为了把自己浮躁的情绪变成激情。"最后，他高兴地对玫琳•凯说："激情是浮躁的克星，在我们无法控制浮躁时，想法使自己马上变得热血沸腾，那么心浮气躁的情绪就会不消自灭了。"

故事解析

浮躁就是心浮气躁，是成功、幸福和快乐最大的敌人。一个人不要过分忧虑危险事物发生的可能性，不要过分忧虑不幸事件一旦发生如何补救。过分忧虑，反而会扰乱一个人的正常生活，使自己变得浮躁不安。人生要接纳失去的事实，不管人生得与失，总要让自己的生命充满亮丽，只有不再为失去掉泪，才能活出自己生命的精彩。

一个人要想战胜浮躁，最主要的还是靠自己。其实幸福和快乐就在我们每个人的心里。只要你拭去心灵深处的浮躁，就能找到幸福和快乐。只要你在心中洒点水浇灭浮躁的烈火，浮躁就会减轻，一旦浇灭了心灵的浮躁之火，你会感觉到，其实我们原本就非常幸福。

故事穿越

一位心浮气躁的年轻人去拜访禅师。他问禅师：“我这辈子忙忙碌碌却一直没有取得任何成绩，难道我的人生就注定这么过吗？您说这世界上真的有命运吗？”

那位禅师说：“这个世界上当然有命运。”

禅师让这个年轻人伸出左手给他看，一面还说：“你看清楚了，这条斜线叫事业线，这条横线叫作爱情线，这条竖线叫作生命线。”

然后禅师又让这个年轻人将自己的左手慢慢地握起来，握得紧紧的，然后问他：“你说这几条线现在在哪里？”

这个年轻人回答：“在我的手里啊。”

禅师说：“对，命运就在你的手里，静下心来，调整好你的情绪和心态吧！不要让自己的灵魂太浮躁了。”

那个年轻人立即恍然大悟，谢了禅师而去。

故事微语

心浮气躁和焦虑不安往往是各种心理疾病的根源，是成功和幸福的绊脚石，是人生的大敌。生活中，我们经常看到一些人，做事缺少恒心、急功近利。面对急剧变化的社会，他们对前途毫无信心，焦躁不安。而他们若想获得成功，就只有战胜内心的浮躁，让自己回归宁静，让灵魂远离喧嚣。

浮躁是一个人通往成功路上的大敌。在追求成功的道路上，不能有半点浮躁心态。这是因为成功往往不会一蹴而就，而是需要自己付出特别多的时间、精力和热情，如果自己有浮躁的心态，那么就会导致成功离自己越来越远。

心灵箴言

心专才能绣得花，心静才能织得麻。

——谚语

君子之行，静以修身，俭以养德，非淡泊无以明志，非宁静无以致远。

——诸葛亮

在今天和明天之间，有一段很长的时间；趁你还有精神的时候，学习迅速办事。

——[德] 歌德

心灵榜样微史话

拿破仑·希尔

拿破仑·希尔，全世界最早的现代成功学大师和励志书籍作家，曾经影响美国两任总统及千百万读者的成功学大师。

在美国，拿破仑·希尔这名字家喻户晓，由于他创造性地建立了全新的成功学，他在人际学、创造学、成功学等领域比戴尔·卡耐基有着更高的地位。也是世界上最伟大的励志成功大师，他创建的成功哲学和十三项成功原则，以及他永远如火如荼的热情，鼓舞了千百万人，因此他被称为“百万富翁的创造者”。

拿破仑·希尔是美国成功学励志专家，成功学、创造学、人际学的世界顶尖培训大师，他的著作《成功规律》《人人都能成功》《思考致富》等被译成 26 种文字，在 34 个国家和地区出版发行，畅销 8000 多万册，是所有追求成功者必读的教科书，数以万计的政界要员、富豪都是他著作的受益者。

林肯

亚伯拉罕·林肯，美国政治家、思想家。第 16 任美国总统，其任总统期间，美国爆发内战，史称南北战争，林肯坚决反对国家分裂。他废除了叛乱各州的奴隶制度，颁布了《宅地法》《解放黑人奴隶宣言》。但南北战争之后北方有几个支持联邦政府的州却仍被林肯允许可继续保有奴隶制度。林肯击败了南方分离势力，维护了美利坚联邦及其领土上不分人种、人人生而平等的权利。

林肯是当今评出的最有作为的总统之一，美国互联网上曾于 2005 年举办票选活动——《最伟大的美国人》，林肯被选为美国最伟大人物中的第二位。公众称他为“诚实的老亚伯”和“伟大的解放者”。他说自己永远是鞋匠的儿子。

达·芬奇

列昂纳多·达·芬奇，又译莱昂纳多·达·芬奇、李奥纳多·达·芬奇，是意大利文艺复兴时期的一个博学者：除了是画家，他还是雕刻家、建筑师、音乐家、数学家、工程师、发明家、解剖学家、地质学家、制图师，植物学家和作家。他的天赋或许比同时期的其他人物都高，这使他成为文艺复兴时期人文主义的代表人物，也使得他成为文艺复兴时期典型的艺术家，也是历史上最著名的画家之一，与米开朗基罗和拉斐尔并称文艺复兴三杰。

拿破仑·波拿巴

拿破仑·波拿巴，出生于法国的科西嘉岛，是一位世界著名的军事家、政治家。他是法兰西第一共和国执政官，是 19 世纪最著名的法兰西第一帝国的缔造者，于 1804 年 11 月 6 日加冕称帝，把共和国变成帝国。

对内拿破仑多次镇压反动势力的叛乱，颁布了《法国民法典》《商法典》《刑法典》，完善了世界法律体系，奠定了西方资本主义国家的社会秩序，传播了法国资产阶级革命的胜利果实。对外他五破反法联盟的入侵，沉重打击了欧洲各国的封建制度，捍卫了法国大革命的成果。

拿破仑于 1814 年和 1815 年两度战败并被流放。1821 年，拿破仑病逝于圣赫勒拿岛。1840 年，他的灵柩被迎回法国巴黎，隆重安葬在法国塞纳河畔的巴黎荣军院。

爱迪生

托马斯·阿尔瓦·爱迪生，世界著名的发明家、物理学家、企业家，拥有众多知名重要的发明专利超过 2000 项，被传媒授予“门洛帕克的奇才”称号。他是人类历史上第一个利用大量生产原则和电气工程研究的实验室来进行从事发明专利而对世界产生重大深远影响的人。

爱迪生拥有超过 2000 项发明，包括对世界极大影响的留声机、电影摄影机、钨丝灯泡等。在美国，爱迪生名下拥有 1093 项专利，而他在英国、法国、德国等地的专利数累计超过 1500 项。

爱迪生是技术历史中著名的天才之一，其四大发明：留声机、电灯、电力系统和有声电影，丰富和改善了人类的文明生活。

莫扎特

沃尔夫冈·阿玛多伊斯·莫扎特（1756—1791），出生于神圣罗马帝国时期的萨尔兹堡，是欧洲最伟大的古典主义音乐作曲家之一。

35 岁便英年早逝的莫扎特，留下的重要作品总括当时所有的音乐类型。他无疑是一个天份极高的艺术家，在西方音乐历史中，只有他被毫无疑问地公认为音乐界的旷世奇才。

莫扎特谱出的协奏曲、交响曲、奏鸣曲、小夜曲、嬉游曲等等成为后来古典音乐的主要形式，他同时也是歌剧方面的专家，他的成就至今不朽于时代的变迁。此外，其作曲风格同时兼具旋律及艺术性，悦耳开朗，却又不失优雅，令其作品同巴赫贝多芬同一地位，亦能让人感受到音乐风格由巴洛克时期转向古典主义时期。也因狂飙运动显露出早期浪漫主义曲风，直接预示了贝多芬式的英雄性音乐的出现。

他也是第一位公开脱离保护人的自由作曲家，使其人格备受后世音乐家敬仰。

米开朗琪罗

米开朗琪罗·博那罗蒂（1475—1564），意大利文艺复兴时期伟大的绘画家、雕塑家、建筑师和诗人，文艺复兴时期雕塑艺术最高峰的代表。与拉斐尔和达芬奇并称为文艺复兴后三杰，又译“米开朗琪罗”、“米高安哲罗”。

他一生追求艺术的完美，坚持自己的艺术思路。他于 1564 年在罗马去世，他的风格影响了几乎三个世纪的艺术家。 小行星 3001 以他的名字命名来表达后人对他的尊敬。

米开朗琪罗是人类天才、智慧和勇气的结晶，他的光荣与成就属于全人类。作为文艺复兴的巨匠，以他超越时空的宏伟大作，在生前和后世都造成了无与伦比的巨大影响。他和达芬奇一样多才多艺，兼雕刻家、画家、建筑家和诗人于一身。他得天独厚活到 89 岁，超越了古稀之年，度过了 70 余年的艺术生涯，他经历人生坎坷和世态炎凉，使他一生所留下的作品都带有戏剧般的效果、磅礴的气势和人类的悲壮。

苏格拉底

苏格拉底，古希腊著名的思想家、哲学家、教育家，他和他的学生柏拉图，以及柏拉图的学生亚里士多德被并称为“古希腊三贤”，更被后人广泛认为是西方哲学的奠基者。身为雅典的公民，据记载苏格拉底最后被雅典法庭以侮辱雅典神和腐蚀雅典青年思想之罪名判处死刑。尽管他曾获得逃亡雅典的机会，但苏格拉底仍选择饮下毒堇汁而死，因为他认为逃亡只会进一步破坏雅典法律的权威，同时也是因为担心他逃亡后雅典将再没有好的导师可以教育人们了。

苏格拉底主张专家治国论，他认为各行各业，乃至国家政权都应该让经过训练、有知识才干的人来管理，而反对以抽签选举法实行的民主。

恩格斯

弗里德里希·冯·恩格斯，德国思想家、哲学家、革命家，全世界无产阶级和劳动人民的伟大导师，伟大的马克思主义的创始人之一。恩格斯是卡尔·马克思的挚友，被誉为“第二提琴手”，他为马克思从事学术研究提供了大量经济上的支持。

恩格斯和马克思共同撰写了《共产党宣言》，共同创立了科学共产主义理论；参加了第一国际的领导工作。马克思逝世后，他承担整理和出版《资本论》遗稿的工作，还肩负领导国际工人运动的重担。除同马克思一起写的著作外，他还著有《自然辩证法》《家庭、私有制、国家的起源》。

菲尔普斯

迈克尔·菲尔普斯，1985 年 6 月 30 日出生于马里兰州巴尔的摩市，美国游泳运动员。

2000 年，15 岁的菲尔普斯参加了悉尼奥运会，获得 200 米蝶泳的第 5 名。2001 年，16 岁的菲尔普斯打破了 200 米蝶泳世界纪录。在 2003 年巴塞罗那世界游泳锦标赛期间，他获得 6 块奖牌。2004 年雅典奥运会，菲尔普斯夺得男子 200 米、400 米个人混合泳，100 米、200 米蝶泳，4×200 米自由泳接力和 4×100 米混合泳接力 6 枚金牌，以及 200 米自由泳和 4×100 米自由泳接力 2 枚铜牌。2008 年北京奥运会，菲尔普斯共获得8枚金牌，成为单届奥运会夺取金牌最多的选手。2011年7月27日，菲尔普斯夺得上海世锦赛200米蝶泳冠军。2012年伦敦奥运会中，他获得4枚金牌。至此，他获得了22枚奥运奖牌，其中有18枚金牌，成为奥运历史上获得奖牌及金牌最多的运动员。2012年8月4日，菲尔普斯在伦敦奥运会游泳项目比赛结束后宣布退役。

张衡

张衡，字平子。汉族，南阳西鄂人，南阳五圣之一，与司马相如、扬雄、班固并称汉赋四大家。中国东汉时期伟大的天文学家、数学家、发明家、地理学家、文学家，在东汉历任郎中、太史令、侍中、河间相等职。

张衡在天文学方面著有《灵宪》《浑仪图注》等，数学著作有《算罔论》，文学作品以《二京赋》《归田赋》等为代表。

张衡为中国天文学、机械技术、地震学的发展作出了杰出的贡献，发明了浑天仪、地动仪，是东汉中期浑天说的代表人物之一。被后人誉为“木圣”，由于他的贡献突出，联合国天文组织将月球背面的一个环形山命名为“张衡环形山”，太阳系中的1802号小行星命名为“张衡星”。后人为纪念张衡在南阳建有张衡博物馆。

班超

班超，字仲升。汉族，扶风郡平陵县（今陕西咸阳东北）人。东汉时期著名军事家、外交家。史学家班彪的幼子，其长兄班固、妹妹班昭也是著名史学家。班超为人有大志，不修细节，但内心孝敬恭谨，审察事理。他博览群书，不甘于为官府抄写文书，投笔从戎，随窦固出击北匈奴，又奉命出使西域，在31年的时间里，平定了西域50多个国家，为西域回归、促进民族融合，做出了巨大贡献。

永元十二年(100)，因年迈请求回国。永元十四年8
102）八月，抵达洛阳，被拜为长水校尉。同年九月，班超因病去世，享年71岁。死后葬于洛阳邙山之上。

蒋琬

蒋琬，字公琰。零陵湘乡人。三国时期蜀汉宰相。与诸葛亮、董允、费祎合称“蜀汉四相”。

蒋琬初随刘备入蜀，被任命为广都长，后因为不理政事激怒刘备，在诸葛亮的劝说下，蒋琬免于一死，后重新被起用，诸葛亮将其悉心培养，并密报刘禅其可以作为诸葛亮的接班人。

建兴十二年(234)，诸葛亮死后，蒋琬执政。拜尚书令，又加行都护，假节，领益州刺史，再迁大将军，录尚书事，封安阳亭侯，并被受命开府，后加大司马，总揽蜀汉军队。

蒋琬采取闭关息民政策，使国力大增。曾制订由水路进攻曹魏的计划，但未被采纳。延熙九年（246）病卒，谥曰恭。蒋琬死后葬于涪城西山。

心灵修养用语微解

积极：1. 正面的，促进发展的。2. 努力进取的。鲁迅《二心集·关于〈唐三藏取经诗话〉的版本》：“所以倘无积极的确证，《唐三藏取经诗话》似乎还可怀疑为元椠。”

机遇：道家哲学。被理解为有利的条件和环境。可以按照字面意思理解为忽然遇到的好运气和机会。同义词：时遇、机缘、时机。近义词：运气。反义词：厄运、灾难。

乐观：1. 善于观察。2. 喜欢观看。3. 精神愉快，对事物的发展充满信心。与“悲观”相对。4. 阳光积极，对自己对周围的一切都充满了信心，脸上会挂着阳光般的笑脸，认为一切都充满了美好与希望。

简单：指不复杂、头绪少，也指草率、不细致、平凡等。语出茅盾《宿莽·陀螺》四：“她的那间屋子多么精致，事务又简单。老了干不动时，我想谋这份差使。”反义词：复杂、困难、繁琐。近义词：容易。

心态：心理状态。前苏联心理学家列维托夫认为人的心理活动可以分为心理过程、心理状态与个性心理特征三种形态。心理过程是不断变化着的、暂时性的，个性心理特征是稳固的，而心理状态则是介于二者之间的，既有暂时性、又有稳固性，是心理过程与个性心理特征统一的表现。

挑战：1. 激使敌方出战。2. 谓首开衅端。3. 鼓动对方与自己竞赛。《左传·宣公十二年》：“赵旃求卿未得，且怒于失楚之致师者，请挑战，弗许。”《东周列国志》第四八回：“越椒连日挑战，郑兵不出。”《东周列国志》第一百零八回：“却说王翦兵屯于天中山，连营十余里，坚壁固守，项燕日使人挑战，终不出。”

挑战：1. 激使敌方出战。2. 谓首开衅端。3. 鼓动对方与自己竞赛。《左传·宣公十二年》：“赵旃求卿未得，且怒于失楚之致师者，请挑战，弗许。”《东周列国志》第四八回：“越椒连日挑战，郑兵不出。”

《东周列国志》第一百零八回："却说王翦兵屯于天中山，连营十余里，坚壁固守，项燕日使人挑战，终不出。"

理解：1. 顺着脉理或条理进行剖析。苏轼《众妙堂记》："庖丁之理解，郢人之鼻斲，信矣。"2. 从道理上了解。《宋史·儒林传三·林光朝》："未尝著书，惟口授学者，使之心通理解。"3. 指了解，认识。毛泽东《实践论》："感觉到了的东西，我们不能立刻理解它，只有理解了的东西才更深刻地感觉它。"4. 说理分析。5. 见解。

自信：自己相信自己。自信对我们的生活非常重要，我们的事业、我们的爱情、我们的生活、我们的工作，不管是哪一个领域，自信都是无比重要的。自信给人以力量，给人以快乐。正是有了自信，人们才充满了睿智，你和我的心中才升腾起无尽的希望。人们只有自信才能让自己的人生之花开得更茂盛更灿烂。只有自信才能让生活处处是舞台，让人生越过越精彩。

感恩：对别人所给的帮助表示感激，是对他人帮助的回报。《三国志·吴志·骆统传》："飨赐之日，可人人别进，问其燥湿，加以密意，诱谕使言，察其志趣，令皆感恩戴义，怀欲报之心。"陈润《阙题》诗："丈夫不感恩，感恩宁有泪。心头感恩血，一滴染天地。"《三国演义》第三九回："飞得免诛戮，感恩无地，岂肯走乎！"老舍《茶馆》第二幕："您多给美言几句，我感恩不尽！"

从容不迫：从容：不慌不忙，镇静；不迫：不急促。形容态度镇静，不慌不忙，从容镇定。近义词：镇定自若、满不在乎、处之泰然、不动声色、视若等闲、泰然自若、不慌不忙、沉着镇定、慢条斯理。反义词：面无人色、惊慌失措、手足无措、如坐针毡、张皇失措、心慌意乱、胆战心惊、手慌脚乱。

持之以恒：有恒心，持续不间断，老是那么一股劲地进行。语出曾国藩《家训喻纪泽》："尔之短处，在言语欠钝讷，举止欠端重，看书不能深入，而作文不能峥嵘。若能从此三事上下一番苦工，进之以猛，持之以恒，不过一二年，自尔精进而不觉。"京剧《串龙珠》："男勤耕女勤织各务其正，休荒嬉莫堕落持之以恒。"